絵とき

配管技術
基礎のきそ
Mechanical Engineering Series

西野悠司 [著]
Nishino Yuji

日刊工業新聞社

はじめに

――あなたも配管技術者――

　本書は、これから配管技術者（またはプラント技術者）を志そうとする人、現在、その過程にある人、また、配管技術をおさらいしたい人、そういう人たちのために執筆しました。

1. 何を学ぶか

　過去刊行された配管技術の本で、今、図書館で手にすることのできる本は優に10指に余りますが、紙数の制限もあり、各筆者は自分の得意分野を中心に比較的限られた範囲を扱っているようです。

　本書は、これ1冊マスターすれば、一角（ひとかど）の配管技術者になれるように考えて編みました。

　本書のタイトルは「基礎のきそ」ですが、かなり奥まで踏み込んだところもあります。それは「きそ」の「基礎」の上にもう一段積めば到達できる範囲と考えたからです。

　本書は「配管技術」の境界内で、できる限り間口を広げましたが、それでも、配管技術の全体を捉えることはできません。

　自分に未知の分野、例えば、解析、ノウハウ、製品などに接したとき、役に立つのは4力学（材料、流体、機械、熱）です。仮にそのノウハウや製品に初めて出会ったとしても、それらは4力学のベースの上に立っているはずです。したがって、4力学の理解があれば、のみ込みが速く、理解も深くなります。

　本書では4力学のうち特に配管技術に関係の深い材料力学、水（流体）力学、機械力学を取り上げました。

　本書は知識よりも考え方を重視し、本書の構成は、前半に工学を、後半に製品知識を置きました。

　材料力学は第2章、第3章、第7章、第8章において、水力学

は第4章で、機械力学は第5章で、配管技術と関連づけて解説しました。

製品知識は管・管継手、ハンガ・サポート、伸縮管継手、弁、ストレーナ、スチームトラップを取り上げましたが、単なる知識の紹介でなく、その本質のところが捉えられるように考えました。なお、配管レイアウトは第1章、配管の腐食・防食は第6章、配管の溶接は第12章に置きました。

2. いかに学ぶか

配管技術の習得、あるいは日々の業務において、心がけていただければと思うことを二、三挙げておきます。

（1） ものの原理を理解すれば応用が利く

先にも似たことを述べましたが、何かの現象・事象に出会ったら、その原理、メカニズムがどうなっているかを見極めることです。原理、メカニズムを理解すれば、あとでいろいろ応用が利きます。

（2） 直感的に理解する

ものの原理やメカニズムは直感的につかむようにします。直感的につかむには、イメージ化することです。イメージ化するには、文字どおり絵のかたちにしてみるのがよい。本書にも概念をイメージ化した図を幾つか載せました。それは、完全に正確とは言えないかも知れませんが、大まかな所を直観的に理解するには役立つと思います。

（3） ソフト計算結果のレビュー

ソフトによる計算結果にはインプットミスなどにより、誤った結果が含まれている可能性があり、計算結果のレビューが不可欠です。しかし、そのレビューはコツを要します。ソフトと同じ計算式を使って追うのは大変です。概略式があれば使いますが、そ

の手のものがない場合は、数値の大きさが概略合っているか、符号の正負が妥当であるか、などで評価することになります。このとき、原理、メカニズムの理解と4力学が役に立ちます。

〔備　考〕
　日本の、圧力容器や配管の規格はASME（米国機械学会）規格を下敷きとして作られ、ASMEが改定されると、一般に、あとを追うように改定されます。また、外国でプラントを建設する場合、指定されるCode（規格）は多くの場合ASMEです。
　そのような観点から、本書では、ASMEのPiping CodeであるASME B 31.1 Power Piping「発電プラント用配管」とASME B 31.3 Process Piping「プロセス用配管」を随所に引用しています。日本の規格では、JIS B 8201「陸用鋼製ボイラ構造」、JIS B 8265「圧力容器の構造－一般規格」を引用しています。
　本書で、単にB 31.1とかB 31.3と記したものは上記各Codeを指し、Codeと記したものは、その両者を指します。
　また、ASTMというのが何か所が出てきますが、アメリカのASTM（米国試験材料協会）が策定した材料規格で、日本のJISの材料規格に相当するものです。
　本書には、枠で囲った記事があります。章の途中に出てくる「用語解説」と「豆知識」は、本文の記事周辺に出てくる用語等を紹介するコラムです。
　最後に本書執筆の機会を与えて下さった、そしてアドバイスをいただいた日刊工業新聞社出版局長の奥村功氏、エム編集事務所の飯嶋光雄氏に心からお礼申し上げます。そして、本書執筆にご協力をいただいた多くの方々に感謝申し上げます。

2012年11月

西野　悠司

絵とき「配管技術」基礎のきそ

目　次

はじめに ……………………………………………………………………… 1

第1章　配管計画
　1-1　配管技術とは ……………………………………………………… 8
　1-2　配管設計の手順 ………………………………………………… 12
　1-3　配管レイアウトの原則 ………………………………………… 14

第2章　管・管継手の強度
　2-1　内圧により管に生じる力 ……………………………………… 20
　2-2　内圧により管に生じる応力 …………………………………… 24
　2-3　直管の強度計算式 ……………………………………………… 30
　2-4　管継手の強度計算式 …………………………………………… 34
　2-5　穴のある管の強度 ……………………………………………… 39
　2-6　例題 ……………………………………………………………… 46

第3章　配管の熱膨張応力
　3-1　一次応力と二次応力 …………………………………………… 50
　3-2　熱膨張応力範囲 ………………………………………………… 54
　3-3　熱膨張反力 ……………………………………………………… 61
　3-4　配管のフレキシビリティ ……………………………………… 62

第4章　管路の圧力損失
　4-1　ベルヌーイの定理と水力勾配線 ……………………………… 66
　4-2　ダルシー・ワイスバッハの式 ………………………………… 70

4-3　経験式 ·· 80
4-4　拡大・縮小、管継手・弁の損失 ·············· 83
4-5　圧縮性流体の圧力損失 ·························· 87
4-6　例題 ·· 90

第5章　配管の振動

5-1　配管振動の基本的な考え方 ···················· 94
5-2　振動の運動方程式をたてる ···················· 99
5-3　機械的振動 – 梁の共振 ························ 103
5-4　機械的振動 – 流体関連振動 ·················· 106
5-5　音響的共振 ·· 110
5-6　ウォータハンマ ·································· 117
5-7　配管の耐震設計 ··································· 123

第6章　配管の腐食と防食

6-1　配管の腐食・防食の基本 ······················ 128
6-2　異種金属間のガルバニック腐食 ············ 132
6-3　電気防食の原理 ··································· 135
6-4　電気絶縁 ·· 137
6-5　配管における代表的な腐食 ·················· 138

第7章　鋼の性質と管・管継手

7-1　鋼の性質 ·· 146
7-2　配管に使われる管 ································ 153
7-3　鋼管の呼称とスケジュール番号 ············ 158
7-4　鋼管の種類と用途 ································ 162
7-5　鋼管以外の管 ······································· 165
7-6　管の接合方式 ······································· 166
7-7　管継手 ·· 169

第8章　材料力学とハンガ・サポート
- 8-1　サポートの材料力学 …… 174
- 8-2　ハンガ・サポート …… 183
- 8-3　レストレイント・防振器 …… 188

第9章　伸縮管継手
- 9-1　伸縮管継手の種類と構造 …… 194
- 9-2　推力の大きさとその対処方法 …… 199
- 9-3　ベロース形管継手のプリセット …… 204
- 9-4　フレキシブルチューブ …… 205

第10章　弁
- 10-1　弁の形と名称 …… 210
- 10-2　一般弁のプロフィール …… 212
- 10-3　安全弁のプロフィール …… 214
- 10-4　弁の圧力‐温度基準 …… 217
- 10-5　調節弁 …… 220
- 10-6　弁駆動部 …… 222

第11章　配管のスペシャルティ
- 11-1　ストレーナ …… 226
- 11-2　スチームトラップ …… 231

第12章　配管の溶接設計
- 12-1　配管で使う溶接方法 …… 238
- 12-2　配管の溶接に際しての注意 …… 240
- 12-3　突合せ溶接とすみ肉溶接 …… 241
- 12-4　溶接部の強度と疲労 …… 245
- 12-5　溶接部の変形と残留応力 …… 248

〔より深く配管技術を学ぶための参考図書〕…… 252
索　引 …… 253

第1章

配管計画

　配管はよく心臓と多数の臓器をつなぎ、血液を循環させる血管に喩えられます。血管のように、施設内にはりめぐらされた配管網は、臓器のような機器・装置類とは設計の進め方、手順などがかなり異なります。

　本章では、そのことを念頭に置きながら、配管技術とは何か、配管技術者は何を学ぶべきか、配管設計者の心構え、配管設計の手順、配管レイアウトを実施するときの原則などについて学びます。

1-1 ● 配管技術とは

（1） 配管と配管技術

「配管」は英語の"Piping"に相当し、必要な機能を満たすように設計、製作、据付けられた、流体を輸送する管路をいいます。そして配管は、（2）で説明する配管コンポーネントにより構成されます。

配管の一例を**図 1-1**に示します。

配管技術（Piping Engineering）とは、配管を設計し、製作・据付けし、装置を運転、保守点検する技術です。

配管技術者（Piping Engineer）は配管を計画、設計、施工管理、保守する技術者です。

配管技術が支える産業分野は極めて広範囲で、主な分野は**図 1-2**のよ

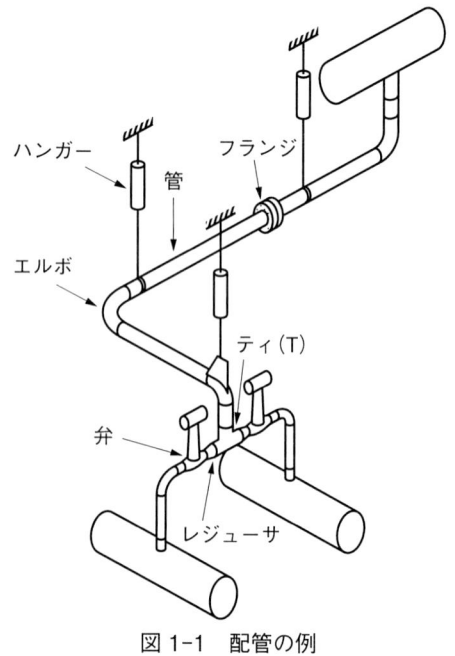

図 1-1　配管の例

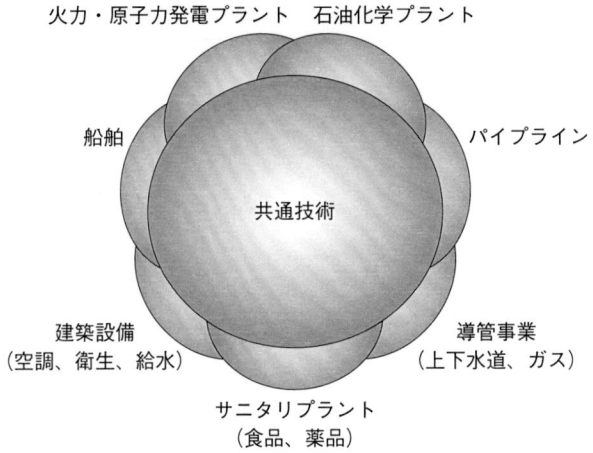

図 1-2　配管技術が支える主な産業分野

うになります。

「プラント配管」といえば、石油化学/石油精製プラントと電力プラントが入りますが、主として前者の配管を指すことが多いです。

（2）　配管を構成するコンポーネント

配管を構成するもの（Component）には、管（Pipe）、管継手（Fitting）、弁（Valve）、スペシャルティ（Specialty）、配管支持装置（Hanger・Support）、などがあります。

配管を構成するコンポーネントの代表的なものを、**表 1-1** に示します。

（3）　配管技術者に求められるもの

配管技術者に求められ、習得しておくべき主な工学、知識、経験を**表1-2**に示します。

ほかの職業も同じですが、配管技術者にとって、個々の配管設計業務を自ら体験することが重要です。特に、配管レイアウトはその経験を蓄積することが不可欠です。

配管技術者の仕事に対する心構えとして何が大切か、筆者の経験を踏

表 1-1　配管を構成するコンポーネント

コンポーネント	主な品目
管	継目なし管（シームレス管）、継目管（シーム管）
管継手	エルボ、T（ティ）、レジューサ、マイタベンド、キャップ、フランジ、フルカップリング
弁	仕切弁、玉形弁、アングル弁、逆止弁、バタフライ弁、ボール弁、調節弁、安全弁
スペシャルティ	ストレーナ、スチームトラップ、検流器、ラプチュアディスク、フレームアレスタ
配管支持装置	リジッドハンガ、バリアブルハンガ、コンスタントハンガ、防振器、レストレイント
伸縮管継手	ベローズ式、フレキシブルチューブ
計器（計装品）	流量計、温度計、圧力計

表 1-2　配管技術者に必要な工学・知識

基礎・応用工学	数学、物理学、化学、水力学、機械力学、材料力学、熱力学、伝熱工学、基礎工学の応用
製品知識	管、管継手、バルブ、スペシャルティ、ハンガ・サポート、保温、腐食・防食、規準・code、関連設備（計装、ポンプ、塔槽・熱交換器、空調、ケーブル、土木建築、など）
設計ノウハウと経験	プロットプラン、配管レイアウト、サポート計画、トラブルシューティング、など

まえて挙げさせてもらえば、次のようなことになります。

①　直感的に捉える

　現象、事象を理解するとき、直感的、感覚的な捉え方が重要です。直感的な把握の1つのやり方は、その現象をイメージ化することです。フリーハンドの図や絵、ポンチ絵、マンガを使って現象を表します。

②　想像を働かせる

　アメリカの先進的な構造設計技術者、レフ ツェトリンの言葉「私はあらゆることに注意を払い、惨事を思い浮かべようと思っている。私はい

つも恐怖に襲われる。技術者にとって、想像力と恐怖心は悲劇を避ける最良の道具の1つです」は含蓄のある言葉です。

③ 仮想演習を行う

「仮想演習」なる言葉は、「失敗学」の畑山洋太郎氏が最初に言い出した言葉ではないかと思います。「仮想演習」は、検討しようとする製品、システムに対し、設計に問題点が残っていないか、起こり得るさまざまな状況を想定して、図面や紙面の上で、仮想的に機械・装置を動かし、力をかけて何が起こるかを考えることです。

④ 検証は論理的に、定量的に

評価・検証は計算、実験・試験、過去の実績評価など、論理的、定量的に行い、後に説明責任を果たせるようエビデンスを残します。

⑤ 失敗の真因追及

失敗したら、同じ失敗の再発防止のため、真の原因究明が不可欠です。失敗により人間も技術も進歩します。

⑥ トラブルは記録する

「過去を記憶しないものは誤りを繰り返すよう運命づけられている」というアメリカの哲学者、ジョージ サンタヤナの言葉があります。失敗や事故は必ずまだ熱いうちに記録に残し、関係者の間に公開することです。

⑦ 現場・現物主義

設計者であっても、こまめにサイトへ出向き、サイトへ行ったら作業服に着替え、現場に入ること。「こんなに大きいとは思わなかった」、「こんな感じは予想外だった」という感覚は現場でのみ得ることができます。そういう経験を積み重ねることにより、図面を見ただけで、実物の大きさや空間の感じを掴みとることができるようになります。

⑧ 天は自ら助くるものを助く

「自分の力で努力する人には天が援助を与え、成功に導いてくれる」という意味のこの言葉は、真実を言い当てているように思います。

1-2 ● 配管設計の手順

石油化学プラントや石油精製プラントにおいては、プロセス配管とユーティリティ配管の2つに分類することができます。

プロセス配管とは、プラントにある機器相互をつなぐ、製品製造に直接かかわる配管で、装置へ原料を供給する配管、装置から出る製品を送り出す配管、ポンプ、塔、ドラム、熱交換器などの機器相互を連絡する配管、などから成ります。

ユーティリティ配管とは、水、空気、蒸気、燃料、窒素配管などです。

プラント配管における一般的な配管設計手順を、**図 1-3** に示します。

プロットプラン：プラント内の機器、架構、その他諸設備の配置図のことです。主要配管ルートも含まれます。最初は機器などの外形図が揃わず、概念的な図面ですが、資料が揃ってくるにつれ、より詳細かつ確定的なものとなってゆき、最後に、完成したプラントの図となります。

P&ID：流体の流れを機器、計装とともに示した配管・計装線図。

配管仕様書：配管の設計、製造、据付け、材料調達、などにおいて守

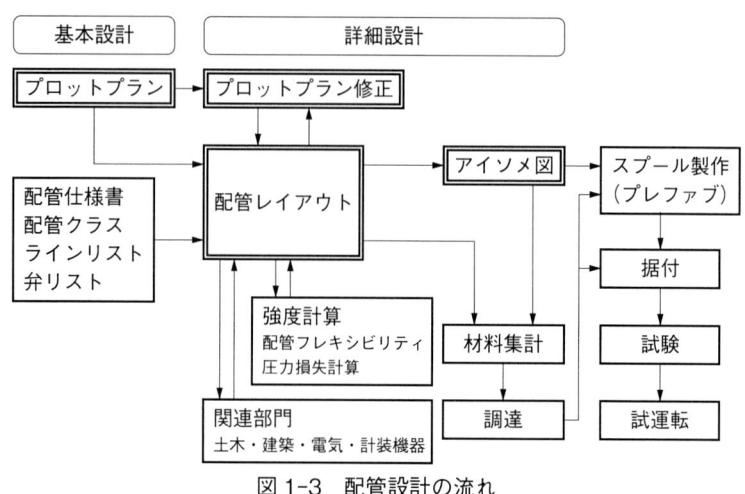

図 1-3　配管設計の流れ

るべき法規・規格、標準、などを明示し、配管全般、および各ラインに対する遵守事項、禁止事項を明らかにします。

　配管クラス：プラントの配管を、重要度、設計圧力・温度などによりクラス分けし、クラスごとに使用する配管コンポーネントのタイプ、材質 Sch.No（7-3 参照）などを規定したもの。標準的な配管クラスにグループ化することにより、プラントごと、ラインごとに各コンポーネントの仕様を決めたり、記述する労力が省けます。

　ラインリスト：P&ID には各配管ラインに、識別番号としてライン番号がついています。そのライン番号ごとに管の口径、厚さ、設計圧力/温度、配管クラス、保温/保冷の有無、などを記した一覧表です。

　配管レイアウト：配管ルートを計画すること、および配管ルートの示された図をいう。配管レイアウトは、プラントの土建や諸設備の設計部門に情報を与えるという重要な任務を負っています。配管のほかに、配管ルートを計画するうえで必要な情報はすべて本図に含まれます。すなわち、建屋壁、柱、パイプラック、開口部、機器、ケーブルトレー、空調ダクト、通路、プラットフォーム、機器引抜き代、等々。配管ルートの引き方の原則については、本章 1-3 参照。

　アイソメ図：工場でスプールを製造、また、現地で配管を据付けるための図面で、ライン No. ごとに配管を等角投影で描く。通常、not to scale（縮尺どおりでない）で描かれる。
図には、溶接開先、材料表、備考などが示されています。

　プレファブ：本設の工場、または現場の仮設工場で、スプールを製作すること。現場の工数を減らすため、工場でかなり大きなユニットに組んでから、現場へ搬入することもあります。

　スプール：プレファブされる配管の 1 単位。輸送や現場搬入が可能な大きさとします。

　強度計算：第 2 章参照。

　配管フレキシビリティ：第 3 章参照。

　圧力損失計算：第 4 章参照。

1-3 ● 配管レイアウトの原則

（1） 配管は空間設計

配管設計が他の機械の設計と大きく異なるのは、その空間設計にあります。

空間設計は、プラントの空間において配管と共存し、設計、据付けなどが同時進行してゆく、土木、建築、各種機器・塔槽、電気・計装、空調などと協調し、調和をはかりつつ、運転しやすい、保守点検に便利な、そして消費エネルギーと建設コストにむだのない、配管レイアウトを実現してゆくことです。そのためには、配管設計者には、4大力学（材料力学、水（流体）力学、機械力学、熱力学）、配管固有の技術・知識のほかに、関連設備に関する幅広い知識、そしてほかの事業者や他部門との協調の精神が求められます。空間設計の最も基本となるプロットプラン（機器配置）は配管レイアウトの構想を具体的に構築しつつ作成されます。

配管レイアウトは、P&ID、プロットプラン、建屋図、機器外形図、等々により計画を進めますが、その際、考慮することとして、

① ラインの目的、機能を理解し、それらを満足させるものであること
② 運転・操作・アクセス（必要箇所へ近よること）に問題のないこと
③ 耐圧、熱膨張応力、振動など、強度上問題のないこと
④ 配管据付け上問題のないこと
⑤ 安全に対し問題のないこと
⑥ 保守・点検に問題のないこと
⑦ むだがなく、コストの低減化が図られていること
⑧ 美観が考慮されていること

などがあります。

プラントには多種多様な機器が設置されており、各機器のそれぞれの機能を満足させるため、その機器に接続する配管には、その機器特有の配慮が必要なことが多い。その説明はあまりに多岐にわたるので、ここ

では、配管レイアウトを計画するにあたり、共通的なごく基本的な事項について説明します。

（2） パイプラック配管の原則

　パイプラックは、配管を集中的に通すメイン通路であり、配管はここに集まり、またここから出て行きます。

　パイプラックは鉄骨構造の、空間に渡した棚のようなもので、通す配管の量により、棚は1段の場合と2段またはそれ以上の場合があります（**図1-4**参照）。

　ラックの下を通路とする場合は、最下段の梁(はり)の下面、配管が最下段の棚の下を抜けるときは管の最下面が、原則 2.1 m 以上となるようにラックの高さを決めます。

　ラック上の配管配置の注意点は、

① 同じ梁上では、梁の強度上、径の大きな重い配管はラックの柱近くに、径の小さい軽い配管は梁の中央付近に置く

② 配管用ラックが2段以上になる場合は、配管が漏えいし、下の配管に掛かっても危険のない流体の配管を上の段に置く。したがって、ユーティリティ配管を上段に、プロセス配管を下段に置くのが一般的です。ケーブルは最上段のラックに置く（**図1-5**参照）

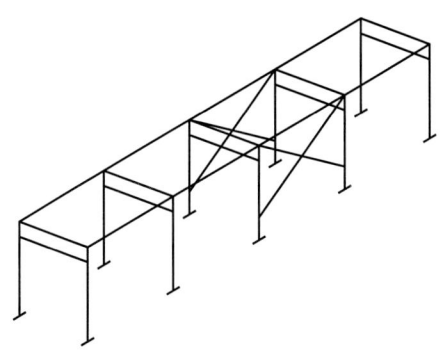

図1-4　パイプラック

③　ラックの右側の機器へ接続される配管はラックの右側に、左側の機器へ接続される配管はラックの左側に置く方がシンプルな配管となります（図1-5参照）

などです。

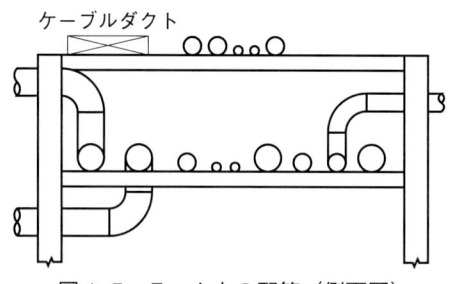

図1-5　ラック上の配管（側面図）

（3）　配管ルートの一般原則

①　建屋内の配管については、空の航路のように配管ルートの通行規制を設けておくと、整然とした配管配置とすることができます。すなわち、各フロアごとに、東西方向と南北方向に走る配管の設置高さを変え、交差するとき、干渉しないようにする（図1-6の（イ）参照）

②　配管はなるべくまとめて走らせる。その結果、サポートを共通化でき、スペースを効率よく使うことができます

③　配管はなるべく壁に沿って、また柱の近くを走らせる。これによりスペースとサポートを効率化できます

④　通路、プラットホーム（操作台）上にある配管はその下面の高さが原則2.1 m以上あること

⑤　大径配管と勾配のある配管や斜めの配管は他の配管に先駆けて、ルートを決める。後から配管の間を縫って斜め配管のルートを探すのは難しい場合が多い（図1-6の（ロ）参照）

⑥　飽和蒸気配管は、ドレンの滞留防止のため、一般に1/50以上の下りドレン勾配をつける

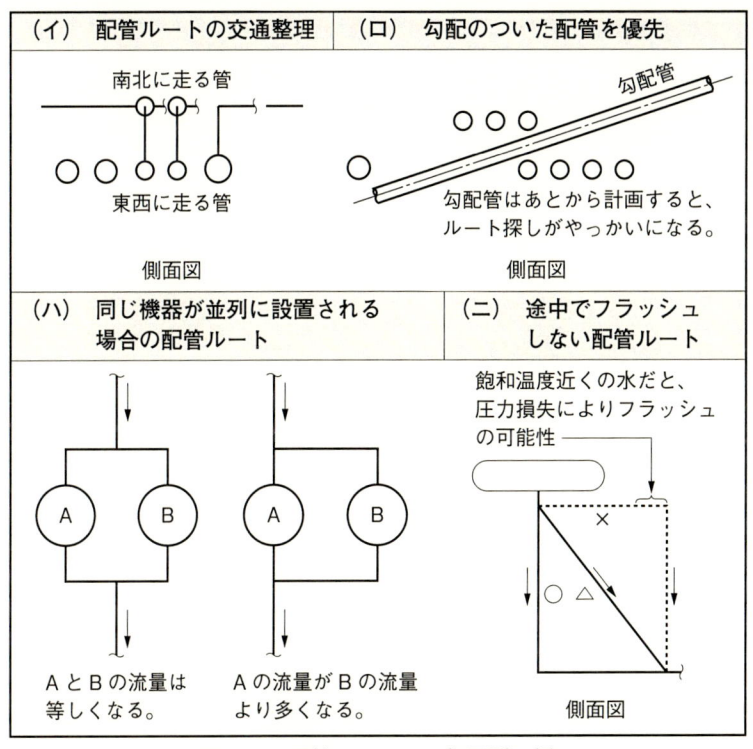

図1-6　配管ルートの一般原則の例

⑦　管径は保温、保冷の厚さを加味した径で計画のこと。隣接する管、機器、構造物との最小間隔を確保する（その際、配管熱膨張や地盤沈下、さらにフランジボルトの取外しなど考慮）

⑧　壁、床に近い配管は現場での配管溶接作業に支障のないスペースを確保する

⑨　タイミングよく、電気・計装部門と、ケーブルダクトとの干渉を含め、スペースの調整をしておく

⑩　パトロール通路、弁操作、計器点検、などの作業場、また、機器・弁など分解点検のためのスペースをとっておく

⑪　熱応力が許容値内に入る適度なフレキシビリティ（3-4項参照）

のある配管とする。しかし、「過ぎたるは及ばざるがごとし」のたとえのとおり、過度なフレキシビリティは配管が不安定となり、振動や揺れを招きやすいので要注意
⑫ 配管の始点から終点までスルーして眺めてエレベーション的に問題のないこと（例えば、逆勾配、エアポケット、ドレンポケット、フラッシュしそうな箇所など）
⑬ ポンプキャビテーション防止の観点からポンプ吸込み配管は圧力損失をできるだけ小さくする。そのため、曲りを少なく、最短距離で配管する（特に水槽がポンプより下にある場合や水槽が負圧になる場合）
⑭ ポンプ性能の低下を防止するため、ポンプ吸込み配管は空気だまりのない配管とする
⑮ 同じ機器が並列に設置されている場合は、流量が均等に流れるように要求される場合があります。このようなケースでは、分岐管の部分は対称（シンメトリック）になる配管ルートとする（図1-6の（ハ）参照）
⑯ フラッシュが危惧されるような流体では、キャビテーション防止のため、機器を出たら水平に配管せず、垂直または急勾配で下げるような配管ルートとし、圧力損失が大きくなる前に静水頭をかせぐこと（図1-6の（ニ）参照）

豆知識

スプール（13頁）の語源

　Spoolは糸巻きのこと。元来は糸巻きに形状が似た、両端にフランジのあるプレファブ管を指しましたが、現在はフランジの有無に関係なく、プレファブされたピースを指します。

第2章

管・管継手の強度

　配管は耐圧容器でもあります。内圧による応力が過大になると、配管は破裂し、甚大な被害を出します。
　配管を構成する最も基本的な要素は管と管継手であり、これらの耐圧強度の評価は配管技術者の最も重要な任務の1つです。
　本章では、まず、内圧が配管の壁にどのように作用を及ぼすかから始めて、管と各種管継手の壁に発生するフープ応力の評価の仕方を面積補償法を使って学びます。

2-1 ● 内圧により管に生じる力

（1） 管の壁に作用する力

　管の内部に圧力を持った流体がある場合、圧力は管の壁に対し垂直に作用する。

　今、図 2-1 に示すような壁の上方から圧力 P がかかったとき、圧力により壁にかかる力の Y 方向成分の力 F は、曲面の壁（奥行を単位長さ1とする）を Y 方向に投影した平面の面積 A に圧力 P をかけた $A \times P$ となります。曲面は円筒の一部に限らず、自由な曲面でも、この式は成り立ちます。

　つまり、任意の曲面、または平面に圧力 P がかかるとき、圧力によりその面に作用する力 F は、圧力を受けている面を力の方向に投影した面積 A に圧力 P をかけたものに等しい。すなわち、$F = A \times P$ となります（図 2-1 参照）。

　次に、$F = A \times P$ になることを証明します。

　図 2-2 は、圧力 P のかかる任意の曲面より、幅が微小の ΔL で奥行が単

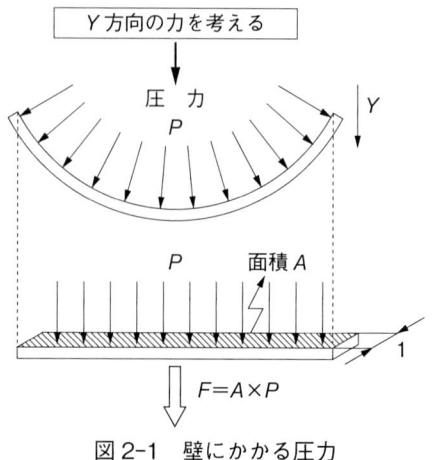

図 2-1　壁にかかる圧力

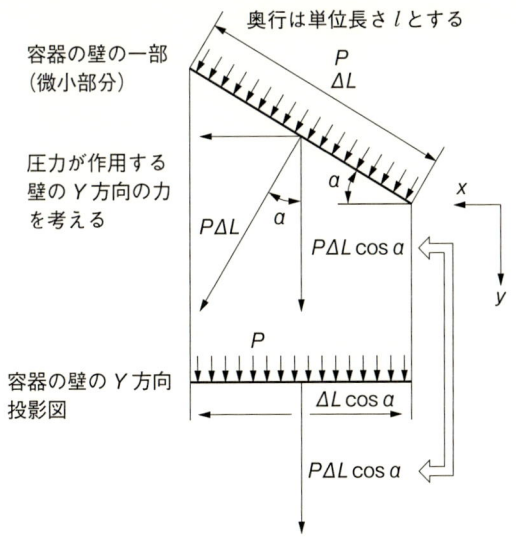

図 2-2　圧力が作用する斜面の y 方向の推力

位長さ 1 の任意の微小の曲面を切取るものとします。微小幅であるから、曲面の曲線は図のように直線に近似でき、x 軸に対し角度 α 傾いているとする。圧力が面に作用するとき、圧力は面に垂直に作用する。圧力がこの微小斜面を押す力は $P\Delta L$ で、その力の Y 方向成分は、$P\Delta L \cos\alpha$ です。この中の $\Delta L \cos\alpha$ は、図から明らかなように、微小斜面（奥行は 1）を Y 方向に投影した面積に外なりません。したがって、$P\Delta L \cos\alpha$ は、微小斜面を Y 方向に投影した面積に垂直の圧力が作用したときの力と等しいということが言えます。

　以上により、先程述べた「任意の曲面に圧力が作用しているとき生じる、ある任意の方向の力 F は、その曲面をその力の方向に投影した面積 A に圧力 P をかけたもの、すなわち、$F = A \times P$ となる」ことが証明されます。

（2）　管の仮想切断面における力

　図 2-3 に示す管（容器でもよい）の、内圧により生じる、任意の仮想

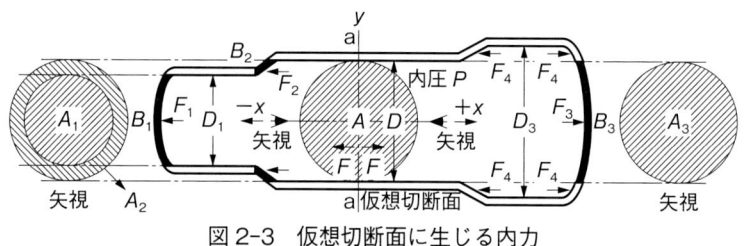

図2-3 仮想切断面に生じる内力

切断面a-aの垂直方向（すなわち、管軸方向）に作用する力Fについて考えてみます。

① 仮想切断面a-aにおける力Fの方向は、仮想切断面a-aに直交するx軸方向です

② その力Fの発生する場所は$-x$方向矢視で見えるB_1とB_2の曲面、また、$+x$方向矢視で見えるB_3の曲面です（いずれも黒く塗りつぶした壁の部分）

③ その推力Fの大きさは、$-x$方向はF_1+F_2で、面積$A_1 \times P(B_1$で発生$)+$面積$A_2 \times P(B_2$で発生$)$、$+x$方向はF_3で、面積$A_3 \times P(B_3$で発生$)$です

④ $+x$方向にある仮想切断面よりも出張った部分に働く力F_4は、対向する反対方向のF_4があるので、打ち消し合い、仮想切断面の力には影響を与えない

⑤ 仮想切断面a-aの推力Fの大きさは、結局、仮想切断面a-aの断面積$A(=A_1+A_2=A_3)$に内圧を掛けた$A \times P$です。すなわち、$F=A \times P$

⑥ 力Fは断面a-aの壁に発生する内力Fに等しい

以上をまとめると、

① 管の任意断面に生じる、内圧による内力Fはその断面の空間面積Aに圧力Pを掛けたもので、$F=A \times P$

② すなわち、図2-3の仮想切断面a-aの内力Fは仮想切断面の空間面積Aによって決まり、管左端部の形状や右端部の口径などに一切

関係しない

③　ある仮想切断面に作用する内力発生の源は、その断面の垂直方向矢視で見える壁です（図2-3参照）

用語解説

外力・内力・応力 / 作用・反作用

外力：部材の外部から部材に作用する力。単位：N

内力：部材内のある断面に作用する力。断面力ともいう。単位：N

応力：内力を受け止めている断面積で割った力。単位面積当たりの内力。単位：N/m^2

作用・反作用：物体に外力が作用したとき、その物体が静止している条件は、外力と同量の反対方向の外力が存在する。この反対向の外力を反作用という。反力ともいう。

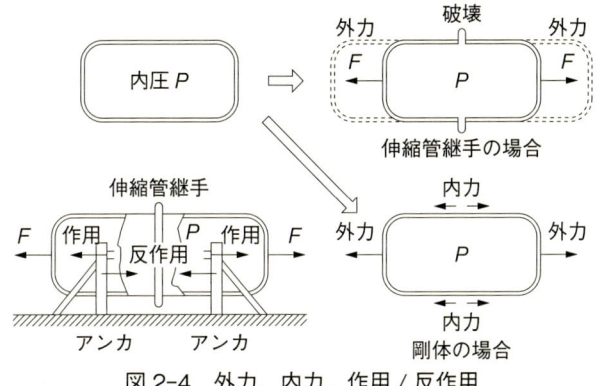

図2-4　外力、内力、作用 / 反作用

2-2 ● 内圧により管に生じる応力

(1) 応力とは

内力を、その内力を受けている、内力に垂直な方向の、壁の断面積で割ったもの、すなわち、単位面積当たりの力を応力という。

式で表せば、

$$S = \frac{F}{B} \qquad (2\text{-}1)$$

ここに、S：応力、F：内力、B：壁のメタル断面積（**図 2-5** 参照）。

〔注〕応力の単位は一般に MPa または N/mm^2

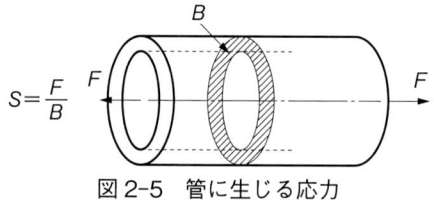

図 2-5　管に生じる応力

(2) 内圧による応力の種類

内圧を受ける管の場合、次に示す3種類の応力があります（**図 2-6** 参照）。

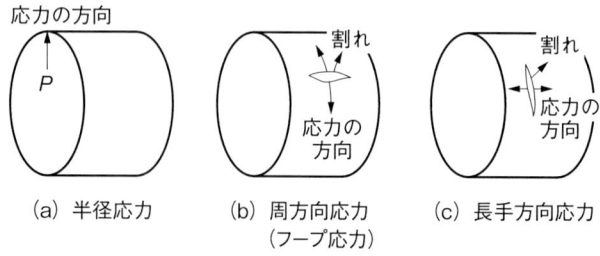

図 2-6　管に生じる3種類の応力と割れの方向

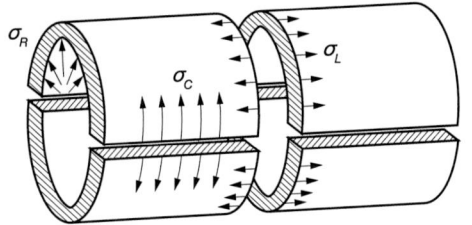

図 2-7　3 種類の応力が発生するメタル部分

- **長手方向応力 σ_L**

　長手軸方向の引張応力。この応力により壊れるときは、図 2-6（c）に見るように、円周方向に割れが入る。配管が振動により疲労破壊するとき、この方向の割れが多い。

　内圧による力を受けとめるるメタル面積は**図 2-7** に見るように、円環の部分（ハッチング部）。

- **周方向応力 σ_C**

　円周方向の引張応力で、応力が管の周りの輪っか（フープ）に似ているので、フープ応力とも呼ばれます。この応力で壊れるときは図 2-6（b）に見るように、長手方向に割れが入る。3 つの応力の中で最も大きく、内圧で管が破壊されるときは、この方向に割れが入ることが多い。

　力を受けとめるメタル面積は図 2-7 に見るように、両側の壁の長方形の面積（ハッチング部）。

- **半径方向応力 σ_R**

　図 2-6（a）に見るように、管内面を押し付ける圧縮応力となります。応力の大きさは圧力に等しく、一般に 3 つの応力の中で最も小さい。

（3）　壁に発生する応力の求め方

　仮想切断面において、「内圧による推力」を求め、その推力が「壁に生じる内力」に等しいと置いて、応力を求める。その手順は以下のとおりです。

① 内圧が壁を押す外力
　応力を考えている仮想切断面の空間部分の面積 A に内圧 P がかかって、断面を引き離そうとする力が働く。すなわち $A \times P$。この力は、考えている切断面の内断面積のみに依存し、ほかのものには一切関係しない。

② 壁に生じる内力（引張応力）
　引き離そうとする力に抵抗する内力は、応力を考えている断面のメタル部分の面積 B にそこに生じる引張応力 S を掛けたもの、すなわち $B \times S$ です。

③ 外力と内力のバランス
　内圧により剛体に生じる外力 $A \times P$（内圧が仮想切断面を引き離そうとする力）と管壁のメタル部に生じる応力としての内力 $B \times S$（仮想切断面が引き離されまいとする力）が釣り合っているので、管は静止の状態を維持している。式に表せば、

$$A \times P = B \times S \qquad (2\text{-}2)$$

この式が内圧を持つ管の強度の基本式です。式（2-2）を変形し、

$$B = \frac{A \times P}{S} \qquad (2\text{-}3)$$

　B のメタル面積は、壁の厚さ t の関数です。応力 S を許容応力にとれば、式（2-3）は強度上必要な壁厚さを求める式となります。
　この、$A \times P = B \times S$ のように、圧力のある空間面積に必要なメタル面積を、管壁のメタル面積で補うことにより強度を評価する方法を**面積補償法**と言います。
　管の長手方向応力と周方向応力を、面積補償法で解く過程を図 2-8 に示します。

（4） 圧力空間の分割方法
　周方向応力を求める場合のエルボやマイタベンドのように、管路の中立軸の両側で、圧力を受ける空間および管の壁の形状が異なる管継手が

- 内圧により壁にかかる外力
  $F = AP$
- 外力により生じる壁の内力
  $F = BS$
- 内力は外力に等しいから、
  $AP = BS$

A：切断面の圧力を受ける面積
P：内圧
B：切断面の壁のメタル面積
S：メタル部に生じる応力

長手方向応力：内圧による長手方向の外力と内力

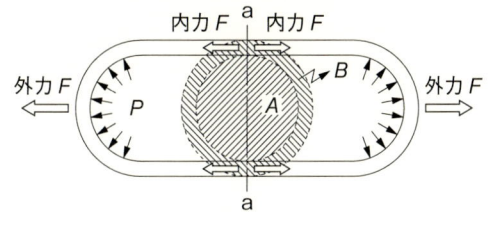

$A = \dfrac{\pi}{4}d^2 \quad B = \dfrac{\pi}{4}\pi(D^2 - d^2) = \dfrac{\pi}{4}(D+d)(D-d) \approx \pi dt$

$\dfrac{\pi}{4}d^2 P = \pi dtS \quad \therefore S = \dfrac{dP}{4t} \quad D$：外径、$d$：内径、$t$：壁厚さ

周方向応力：内圧による長手直角方向の外力と内力

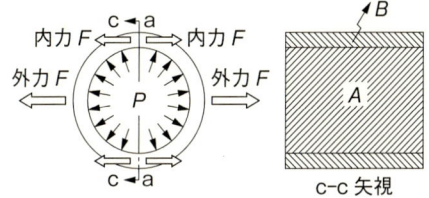

$A = d \times 1 \quad B = 2 \times t \times 1$ (1は単位長さ)

$dP = 2tS \quad \therefore S = \dfrac{dP}{2t}$

図2-8 管の内圧により生じる外力と内力

あります。この場合は、中立軸で圧力空間を分割し、各区分ごとに圧力空間と同じ側にある壁面積との間で面積補償法を行います。面積補償法の式は、$S = P\dfrac{A}{B}$ ですから、圧力 P を一定とすれば、空間面積 A/壁メタル面積 B の比が大きいほど応力が高くなる。したがって、**図2-9** から明らかなように、エルボやマイタベンドでは、中立軸より曲率中心に最も近い壁の応力、$S = P\dfrac{A_i}{B_i}$ が最も大きくなり、曲率中心より最も遠い壁

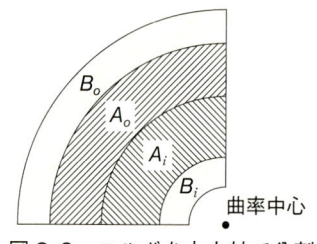

図 2-9　エルボを中立軸で分割

の応力、$S = P\dfrac{A_o}{B_o}$ が最も小さくなる。

（5）　面積補償法の式が適用できる管・管継手

多くの管、管継手の内圧に対する管の壁の強度上必要な厚さは、内圧が壁を押す外力 $A \times P$ が、壁のメタル部に生じる内力 $B \times S$ に等しいと置き、S を許容応力にとれば、B より求めることができます。

規準、Code に規定されている、管を始めとする各種管継手の強度計算式は、このやり方で求めた式をベースとし、多少修正した式を採用しています。

ただ、このやり方が使える条件として、求める応力が存在するメタル面には引張応力のみが存在し、曲げ応力は存在しないことが必要です。

面積補償法により応力が求められる管継手、求められない管継手を図 2-10 に示します。

（6）　面積補償法の限界

面積補償法の $AP = BS$ の式では管壁に生じる応力は厚さ全体にわたり均等であると仮定しています。しかし厚さが無限小でない限り、内径の壁に生じる応力は外径の壁に生じる応力より高くなります（図 2-11 参照）。すなわち壁の内径側の応力は、応力は均等と見なした式 $AP = BS$ の応力よりも高くなります。

内圧のかかる断面の径を管内径 d とした $AP = BS$ による応力は、厚さ

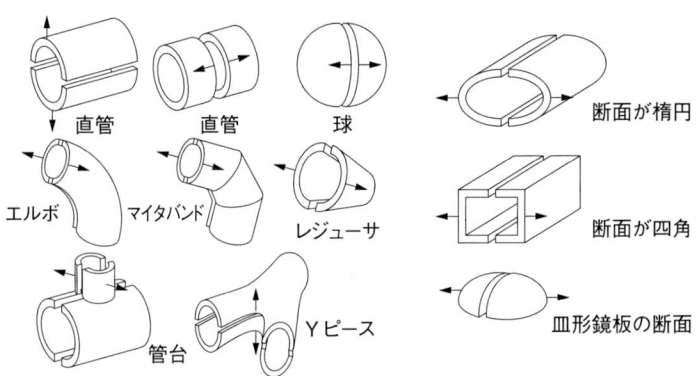

(a) メタル断面に引張応力のみ存在する　　(b) メタル断面に曲げ応力も
　　容器と断面　　　　　　　　　　　　　　　 存在する容器と断面

図 2-10　面積補償法が適用できる容器と断面（a）、適用できない容器
　　　　 と断面（b）

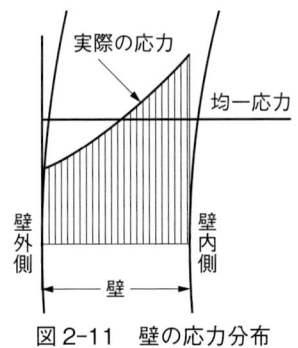

図 2-11　壁の応力分布

が無限小の場合のみ正しく、厚みが実在する現実の管の計算応力は内径側の実際の応力より低くなり、安全の点から危険サイドとなります。

　内圧のかかる断面の径を管外径 D とした場合、計算応力は実際の応力より大きく出るので、安全サイドの設計となります。

　内圧のかかる断面の径を平均直径 $D_m =$（外径＋内径）/2 とした場合、計算応力は実際の最大応力に近くなります。すなわち、2-3項の（1）でわかるとおり、式（2-8）は規準や Code の必要厚さの計算式に最も近い。

2-3 ● 直管の強度計算式

（1） 直管強度計算式の導入

　直管の肉厚を決定づける応力は、先にも述べたとおり、応力の最も高くなる周方向応力（フープ応力）で、**図 2-12** の壁部に示す下向き矢印の応力です。図 2-8 で示したように、内圧による外力と応力による内力の釣合式は、

　　$P \cdot d = 2S \cdot t$（ここに、管内径 d、厚さ t、内圧 P、発生応力 S）

です。この式は内圧が内径のところまで作用するとした式です。この場合の必要厚さの式を図 2-12 の（A）に、また、仮に内圧が外径 D のと

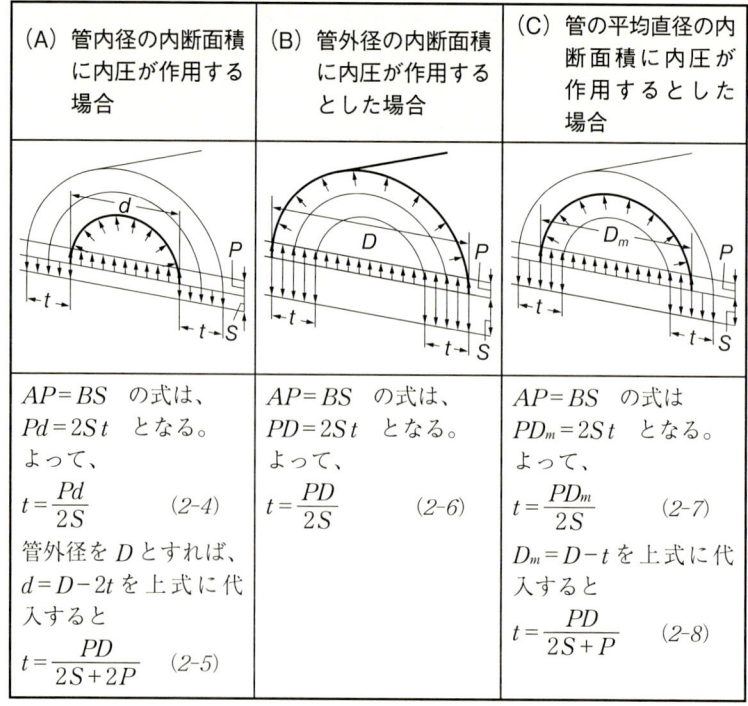

図 2-12　内圧により生じるフープ応力

ころまで作用した場合の式を図 2-12 の（B）に、仮に内圧が平均直径 D_m のところまでかかったとした場合の式を図 2-12 の（C）に示し、三者を比較してみます。

なお、$t=$ の式で、S を管材質の許容応力にとれば、t は必要厚さとなります。

2-2（6）で説明したように、直管の強度計算式において、管径を内径にとった場合は、危険サイド、外径にとった場合は安全サイド、そして、平均直径にとるのが最も合理的で、2-3（2）でわかるとおり、式 (2-8)（図 2-12（C）参照）は規準や Code の必要厚さ計算式に最も近い。

（2） 規準、Code における直管の必要厚さ計算式

現在使用されている国内外の代表的な管壁の厚さの計算式を**表 2-1** に示します。

〔表 2-1 の記号の説明〕

t_m：必要最小厚さ〔mm〕

P：設計圧力〔kPa（ゲージ）〕

D：管外径〔mm〕

d：管内径〔mm〕（購入仕様書が許す最大値）

S：規準、Code で定める設計温度における許容応力

E：長手継手効率

SE：長手継手効率を含めた設計温度における許容応力（B 31.1 の場合）〔kPa〕

W：溶接強度減少係数（B 31.1、B 31.3 の場合）

y：温度で変わる係数

A または c：腐れ代などの付加厚さ〔mm〕

記号は引用した Code、規格と一部異なっています。

〔注〕表 2-1 に出てくる内径基準の式、外径基準の式の意味はそれぞれ、内径 d を使って計算する式、外径 D を使って計算する式、の意味です。

表2-1 Code、規格の直管強度計算式の例

JIS B 8201 陸用鋼製ボイラ構造	ASME B 31.1 Power Piping	ASME B 31.3 Process Piping
$t_m = \dfrac{PD}{2(SE+Py)} + A$ (2-9) A を除いた上式に、$D=d+2t_m$ を代入すると、内径基準の式 (2-10) を得る。 $t_m = \dfrac{Pd}{2[SE-P(1-y)]} + A$ (2-10) 厚肉の式 実際の肉厚 $t_n > d/2$ かつ設計温度 $T < 374℃$ のときは、下記によること。 $t_m = R(\sqrt{Z}-1) + A$ (2-11) ここに、 $Z = (SE+P)/(SE-P)$	$t_m = \dfrac{PD}{2(SEW+Py)} + A$ (2-12) $D = d + 2t_m$ を上式に代入すると内径基準の式 (2-13) を得る。 $t_m = \dfrac{Pd + 2SEWA + 2yPA}{2(SEW+Py)}$ (2-13) B31.1、B31.3 ともクリープ域でなければ $W=1.0$	実際の肉厚 $t_n < D/6$ の管に対し、 $t = \dfrac{PD}{2(SEW+Py)}$ (2-14) $D = d + 2c + 2t$ を上式に代入すると、内径基準の式、(2-15) 式を得る。 $t = \dfrac{P(d+2c)}{2[SEW-P(1-y)]}$ (2-15) ここに、t は圧力に対し必要な厚さで、Code で要求する必要厚さ t_m は、 $t_m = t + c$ (2-16) 上記以外の管は「破壊理論、疲労の影響、熱応力を考慮して厚さを決めること」。

〔解　説〕

① **内径基準、外径基準の式**

本来、外径基準の式は、シームレス管のように外径基準で製造される管に、内径基準の式は、板を巻いて内径基準で製作される管に適用するよう作られたものですが、規格、Code では内径基準、外径基準の式、いずれを使ってもよいことになっています。

実際の厚さが必要最小厚さに等しい場合のみ、外径基準の式と内径基準の式による必要厚さが等しくなります。一般には、実際の厚さ＞最小必要厚さですから、内径基準の式により計算した必要厚さが外径基準で

計算したものより小さくなることが多い。

② 式中の溶接強度減少係数 W

溶接強度減少係数 W は ASME B 31.1 と B 31.3 の式に使われています。長手溶接管とスパイラル溶接管は高温域において、溶接部のクリープ強度が母材より低下するので、管の厚さ決定にあたり、これを考慮するのが溶接強度減少係数です。周継手など、ほかの溶接に対し、Code では、W の採否を決めるのは設計者の責任としています。具体的な W の数値については、該当する Code を参照のこと。

③ 式中の係数 y

クリープ域以下に適用する必要厚さ計算式とクリープ域に適用する必要厚さ計算式の2つの異なる式を、現在使われているどちらの域にも使える式にするため考えられた係数で、温度により変わります。

JIS の y の値は ASME から来ており、華氏温度を摂氏に換算するにあたり温度が丸められ表 2-2 の温度となっています。

中間の温度の y 値は比例計算で求めます。

④ 式中の付加厚さ A または c

付加厚さは次のようなことを考慮して、内圧に対し純粋に必要とする厚さに付加される厚さです。

付加厚さは、(イ) 継手部のねじや溝加工のために減る厚さ、(ロ) サポートなどからかかる荷重による座屈や過度な沈み込みを防止するなどの強度確保のための付加厚さ、(ハ) 配管の寿命を考慮した腐れ代、などを考慮してきめられます。JIS B 8201 では、A を 1 mm 以上としています。

表 2-2 係数 y の値

温度〔℃〕	480以下	510	535	565	590	620以上
オーステナイトステンレス鋼以外の鋼	0.4	0.4	0.5	0.7	0.7	0.7
オーステナイトステンレス鋼	0.4	0.4	0.4	0.4	0.5	0.7

2-4 ● 管継手の強度計算式

(1) 面積補償法による式と規格・Code の式

2-2 で述べた面積補償法の各種管継手の強度評価への適用と、現在、施行されている規格、Code で採用されている式を**図 2-13**、**図 2-14**に示します。

図 2-13 は補強有効範囲の必要ないケース。図 2-14 は補強有効範囲が必要なケースです。

規格、Code で採用されている式は、面積補償法より出された式を実用上若干修正しています。

(2) 管継手の補強有効範囲

管継手の種類には、圧力空間を閉じ込める強度壁が一部欠けている部分のあるものがあります。例えば、**図 2-15** に示すように、穴のある管、マイタベンド、Y ピースのハッチングした部分は空間だけあって、空間のまわりに壁がありません。

この強度壁のない空間は、内圧により生じる外方向へ割れようとする外力を、その空間付近の壁の内力によって閉じ込めなければなりません。穴のある管の場合、穴の付近の壁の応力が穴がないときの応力より高くなります。すなわち、応力集中を起こします（**図 2-16** 参照）。そこで、当該空間（図 2-15 のハッチング部）の周辺の壁を補強して応力集中を下げ、許容応力以内にする必要があります。

具体的には、母管や管台の壁を厚くする、あるいは補強板を溶接します。この補強を行なうところは、管継手のどの場所でも良いというのではなく、応力集中を起こしている範囲内でなければなりません。この応力集中を起こしている範囲がすなわち、補強の有効範囲です。

補強有効範囲内の補強有効面積を増やすことにより、高かった応力を下げることができます。補強有効範囲の当該空間からの距離は、管継手

コンポーネント種類		図解	$AP=BS$ に相当する式	規格、Code の代表的な計算式
パイプ	長手応力	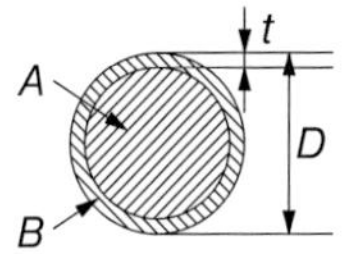	$DP=4tS$ 注：A の計算において、内径 d でなく、外径 D をとっているのは安全側をとったものである（図2-8参照）。	$S=DP/4t$ ($t=$ の式は使わない)
	フープ応力	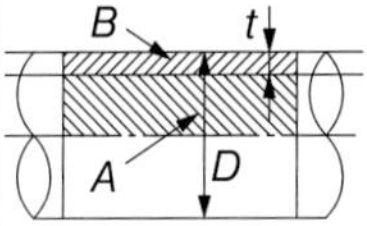	$\dfrac{D}{2}P=tS$ 内径 d でなく、外径 D をとっているのは安全側をとったもの（図2-8参照）。	$t=\dfrac{PD}{2(SE+Py)}$ $t=\dfrac{Pd}{2(SE-P(1-y))}$
球	長手応力 フープ応力	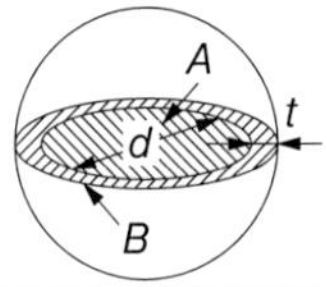	$dP=4tS$ 球の場合、長手応力＝周応力である。	$t=\dfrac{Pd}{4SE-0.4P}$ (JIS B 8265 付属書1 $P \le 0.665SE$ の場合)
レジューサ	フープ応力	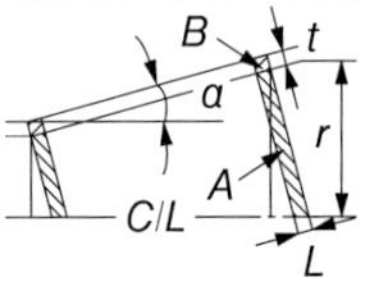	$\dfrac{2r}{\cos\alpha}P=2tS$ r は大径端の内半径	JIS B 8265 圧力容器の構造—一般事項： $t=\dfrac{Pd}{2\cos\alpha(SE-0.2P)}$
エルボ	フープ応力	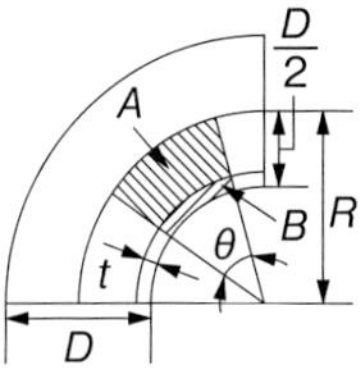	$AP=\left[\dfrac{1}{2}\theta R^2 -\dfrac{1}{2}\theta\left(R-\dfrac{D}{2}\right)^2\right]P$ $BS=\theta\left(R-\dfrac{D}{2}\right)tS$ $AP=BS$ より $t=\dfrac{PD}{2S}I$	B 31.1 外径基準の式： $t=\dfrac{PD}{2(SE/I+Py)}$ ここに、 $I=\dfrac{4(R/D)-1}{4(R/D)-2}$

図2-13 面積補償法による式と規格・Code の式

管継手の種類	図解	$AP=BS$ に相当する式	規格・Code の代表的式
短いスパンのマイタベンド：$S \leq 2w$ のものをいう		$AP = (2R-r)$ $r\tan(\theta/2)P$ $BS = 2t(R-r)$ $\tan(\theta/2)S$ $AP=BS$ とすれば、右の式を導ける。ここに、$r=(D+d)/2$	ASME B 31.1 の式 $t = \dfrac{PD}{2(SE/I + Py)}$ (1) ここに、 $I = \dfrac{4(R/D)-1}{4(R/D)-2}$ 〔注〕エルボの式と同じ。
長いスパンのマイタベンド：$S>2w$ のものをいう		$AP = r(0.781\sqrt{rt}$ $+ 0.5r\tan\theta)P$ $BS = t(0.781\sqrt{rt})S$ $AP=BS$ とすれば、右の式を導ける。ここに、$r=(D+d)/2$ 有効範囲： $u = 0.781\sqrt{rt}$	ASME B 31.1 の式 $t = \dfrac{Pr}{SE}(1 + 0.64$ $\sqrt{r/t}\tan\theta)$ (2)
穴の補強		$AP=BS$ のやり方：補強有効範囲内の、（メタル部面積×応力）と、（圧力の掛かっている空間部面積×内圧）の両者を等しいとして、応力、または必要厚さを求める。〔注〕図は管内径に内圧がかかったとしている。	$AP = (A_1+A_2+A_3)P$ $BS = (B_2+B_3+B_4)S$ $BS \geq AP$ であれば、穴の補強は満足する。したがって $\dfrac{P}{S}(A_1+A_2+A_3)$ $\leq B_2+B_3+B_4$ (3) 有効範囲 母管長手方向：L_1 母管半径方向：L_2

穴の補強	(図:母管と枝管の補強範囲の寸法図。L_1, t_n, $d/2$, L_2, B_2, B_3, B_4, t, t_r, A_2, A_1, t_{nr} などの記号) $B_{2A}=B_2-A_2\dfrac{P}{S}$ $B_{3A}=B_3-A_3\dfrac{P}{S}$ $A_{1r}=A_1\dfrac{P}{S}$	規格、Code のやり方:母管、管台別に穴の補強にまわせる面積(すなわち、余肉部)、B_{2A} と B_{3A} と、穴の補強に必要な面積 A_{1r} を求め、 $A_{1r} \leq B_{2A}+B_{3A}+B_4$ $=B_2+B_3+B_4$ $-\dfrac{P}{S}(A_2+A_3)$ 　　　　(4) 式(4)は前頁の式(3)と同じになる。	ここで、面積補償法を使わず、 $A_1\dfrac{P}{S} \Rightarrow (d/2)t_{sr}$ $A_2\dfrac{P}{S} \Rightarrow L_1 t_{sr}$ $A_3\dfrac{P}{S} \Rightarrow L_2 t_{nr}$ と、規格、Code の直管必要厚さを使ったのが規格、Code のやり方。 すなわち、 $(d/2)t_{sr} \leq L_1(t-t_{sr})$ $+L_2(t_n-t_{nr})+B_4$ 詳しくは、2-5 参照。
	t:母管の使用後の実際厚さ、t_r:母管必要厚さ t_n:枝管の使用後の実際厚さ、t_{br}:枝管必要厚さ		

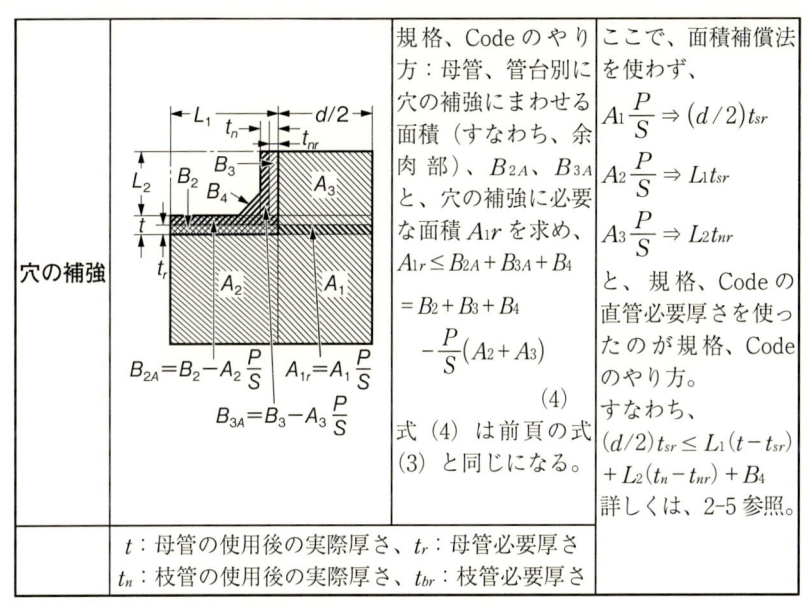

図 2-14　補強有効範囲の設定が必要なものの強度計算式

容器の穴　　マイタベンド　　Y ピース

図 2-15　圧力を分担してくれる壁のない部分(ハッチングの部分)

の種類、適用する基準、Code により異なります。

図 2-17 に補強有効範囲の例として、管の穴の補強有効範囲を示します。補強有効範囲は 2 点鎖線で囲まれた範囲で、この範囲よりはみ出た補強の部分は穴の補強に無効です。

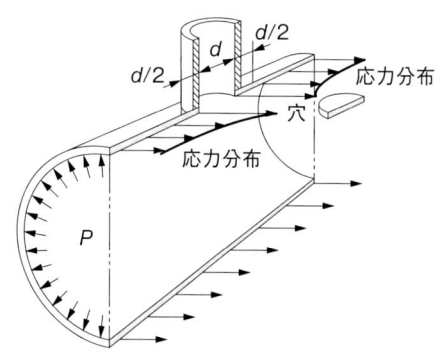

図 2-16　穴の存在により生じる応力集中

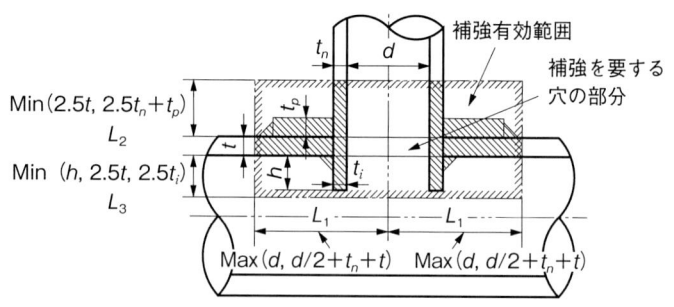

図 2-17　補強有効範囲　穴と管台（セットインタイプ）の例

2-5 ● 穴のある管の強度

（1） 管に穴がある場合の強度

　管に分岐を設ける方法として、管継手のＴ（ティー）を使う方法と、母管に穴を開け、そこに枝管となる短管（管台、またはノズルという）を溶接する方法とがあります。後者の方法は比較的、低圧、低温の配管に使われることが多い。母管に穴を開けると、母管の内圧を負担する壁がその部分で欠落するため、穴の近くの母管と管台の壁が、穴により壁が欠落した部分が本来負担する応力を肩代わりしなければならない。そのため、穴付近の母管、管台の応力が高くなる（図 2-16 および **図 2-18** 参照）。

　応力的に図 2-18 の（A）の周方向応力の方が（B）の長手方向の応力よりも高くなるので、壊れるときは通常（A）のパターンで壊れる。したがって、穴の強度が十分か否かの評価は、通常（A）のパターンで行う。すなわち、穴の中心をとおり、管の長手軸を含む断面の見えるメタル部に生じる応力で評価する。

　穴がある管は穴のない管より、一般に内圧に対する強度が落ちる。穴付近の壁は、その壁本来の守備範囲の内圧を負担する厚さが先ず必要であり、残った余剰の厚さを穴の補強に割くことになる。特別に補強板を付けない場合は、穴部の強度確保のために、本来の守備範囲に必要な厚

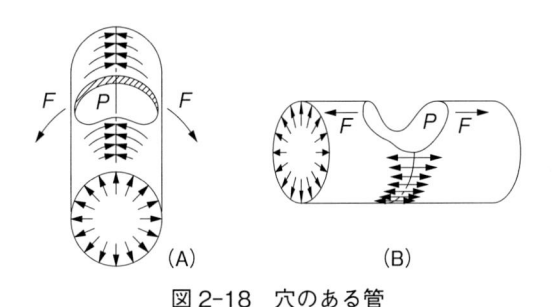

図 2-18　穴のある管

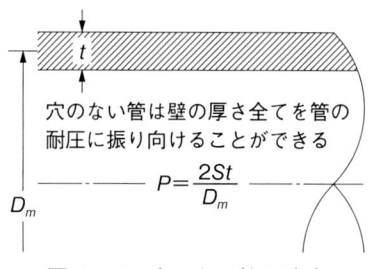

図 2-19　穴のない管の強度

さと同じ厚さが必要となるため、穴のある管の耐圧強度は穴のない管の耐圧強度のほぼ半分程度になることに注意しなければならない。このことにつき、以下に説明します。

ここで使う記号は次のとおりです。

P：使用可能な最大内圧、S：許容応力、D_m：管の平均直径、d：母管に開けた穴の径、$d/2$：母管軸方向の穴中心からの有効範囲、t：厚さの負の公差や腐れ代を引いた厚さ、t_r：必要厚さ

① **穴のない管の耐圧力**（図 2-19 参照）

使用可能な最大の内圧はおおむね、$P=2St/D_m$ で計算できます。厚さの製造上の負の公差や腐れ代を差し引いた実際の厚さを全て管自身の耐圧に使えるので、設計上の最大圧力はほぼこの圧力まで使用できます。

② **穴のある管の耐圧力**（図 2-20 参照）

穴の片側、半分で考えます。図 2-20 の左に見るように、穴（半径 $d/2$ とする）の下にある圧力空間には内圧を支える壁がない。したがって、同図右に示すように、穴の下の圧力空間（半径 $d/2$）に本来必要な、耐圧に必要な壁厚さ（すなわち、計算上必要厚さ）t_r を、穴の補強有効範囲（穴の径より $d/2$）内にある母管の壁の余肉（$t-t_r$）により、補わねばなりません。すなわち、面積的に $(d/2)t_r=(d/2)(t-t_r)$。したがって、$t_r=t/2$ となります。この場合、枝管側の、穴の補強にまわせる余肉面積は一般に小さいので、余裕として無視しました。

よって、穴のある場合の設計上許せる最大圧力は、$P=2S \cdot t_r/D_m=$

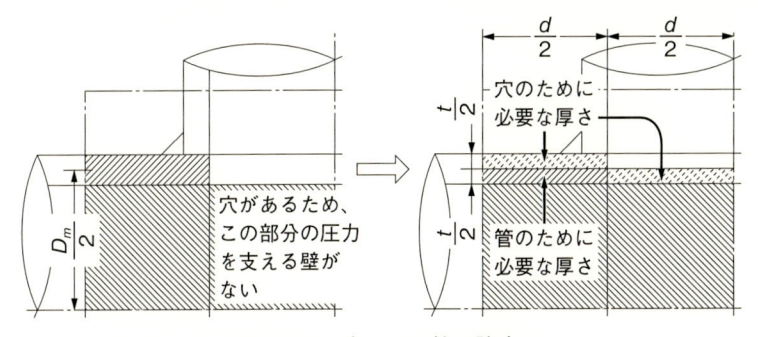

図2-20　穴のある管の強度

$S \cdot t / D_m$ となり、①の穴のない場合の最大圧力の 1/2 となります。枝管からまわせる補強分が若干あるので、この圧力より少し高くなるが、概略、「補強板のない穴のある管」は、「穴のない管」が使用できる圧力のほぼ半分の圧力までしか使えない。なお、補強板をつければ、穴のない管が使用できる圧力まで使用可能です。

（2）穴の強度の評価方法

JIS や ASME で採用されている穴の強度の評価方法を以下に示します。補強有効範囲は穴の両側で考えます。

穴の強度評価では、穴部のある圧力空間に本来必要とする壁の面積 A（母管の必要厚さ×穴の直径）よりも、穴周辺の補強有効範囲にある、母管、管台、補強板、すみ肉溶接部の穴の補強にまわせる壁の各面積 A_i の合計面積 ΣA_i（補強有効面積と呼ぶ）が大きいことを要求されます。

式で書けば、

$$A \leq A_1 + A_2 + A_3 + \cdots \quad (2\text{-}17)$$

管、管台、補強板の材質が異なる場合、許容応力が異なります。したがって、式（2-17）の面積比較に許容応力という強度の重みづけをする必要があります。そのため、式（2-17）を式（2-18）のように変換します。式（2-17）の右辺が2倍してあるのは、穴中心線の両側の有効面積

を加えているからです。記号の意味は図 2-22 を参照のこと。

$$A \leq 2\left\{A_1 + (A_2 + A_3)\frac{\sigma_n}{\sigma_v} + A_{41}\frac{\text{Min}(\sigma_n, \sigma_p)}{\sigma_v} + A_{42}\frac{\sigma_p}{\sigma_v} + A_{43}\frac{\sigma_n}{\sigma_v} + A_5\frac{\sigma_p}{\sigma_v}\right\} \quad (2\text{-}18)$$

この式は、母管の許容応力を 1 とし、管台、補強板などの許容応力が母管より低い場合は、母管の許容応力に対する比（ただし、1 以下とする）を当該部分の補強有効面積に掛けて、面積を目減りさせ、母管許容応力のレベルに合わせるようにしたものです。

図 2-22 のような、管台が母管内部に突出したセットインタイプで、かつ補強板がある場合を例に、評価手順を説明する。面積比較は、穴中心の右半分（または左半分）に限定して行うこともできるが、ここでは、図 2-22 に示すように、両側の合計面積で比較します。

先ず、穴の補強に必要な面積 A の計算をします。

$$A = dt_rF + 2t_nt_rF(1-f_{r1})$$

右辺第 2 項が図 2-22 の * の面積です。

次に、補強範囲内にある、穴の補強にまわせる面積（補強板がない場合は A_4、A_{42} が 0 となります）の計算に入ります。

先ず補強有効範囲 L_1、L_2、L_3 を計算します。

$$L_1 = \text{Max}(d,\ 0.5d + t + t_n)$$

$$L_2 = \text{Min}(2.5t,\ 2.5t_n + t_p)$$

用語解説

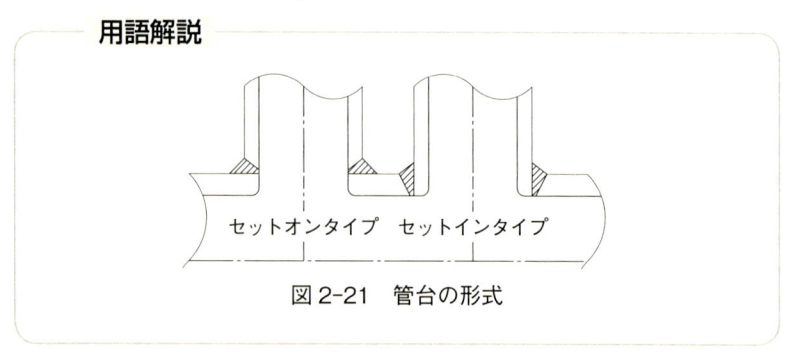

セットオンタイプ　セットインタイプ

図 2-21　管台の形式

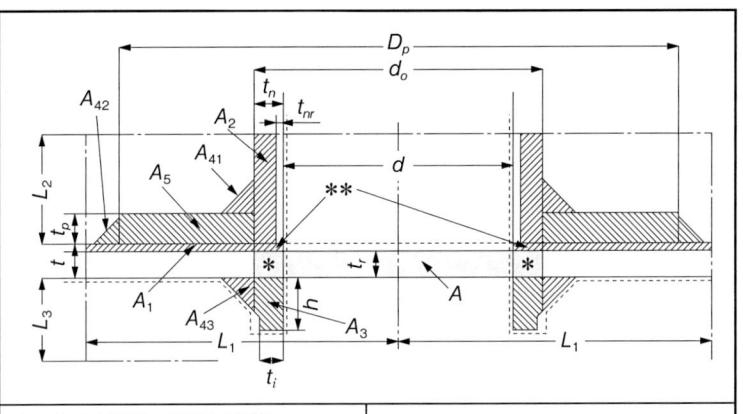

A：穴の補強に必要な面積
A_1：補強に有効な母管の面積
A_2：補強に有効な管台の面積
A_3：補強に有効な管台下側の面積
A_5：補強板の補強有効面積
A_{41}、A_{42}、A_{43}：すみ肉溶接の有効面積
t：腐れ代、肉厚の負の公差を取り去った母管の厚さ
t_n：腐れ代、肉厚の負の公差を取り去った管台の厚さ
t_p：肉厚の負の公差を取り去った補強板の厚さ
t_r：母管の必要厚さ
t_{nr}：管台の必要厚さ

L_1：水平方向の補強有効範囲
L_2：垂直上方向の補強有効範囲
L_3：垂直下方向の補強有効範囲
η：母管長手継手効率（穴を長手継手が通過しなければ1.0でよい）
F：穴断面が母管軸となす角度により決まる係数（図 2-23）
f_{r1}：σ_n/σ_v
f_{r2}：$\mathrm{Min}(\sigma_n、\sigma_p)/\sigma_v$
f_{r3}：σ_p/σ_v
σ_v、σ_n、σ_p は、それぞれ、母管、管台、補強板の許容応力
ただし f_{r1}、f_{r2}、f_{r3} は 1.0. を超えないこと

〔注〕係数 F の説明（**図 2-23** 参照）：穴部に本来必要とする壁厚さ t_r は、穴の中心をとおる長手軸方向の切断面に生じる応力（すなわち、周方向応力）に対するものであるが、切断面の長手軸に対する角度が増えるにつれ、t_r は減少し、長手軸に対し 90°の切断面に生じる応力（長手方向応力）に対する t_r は周方向応力の 1/2 となる。この t_r の減少を考慮する係数である。

図 2-22　補強板のあるセットインタイプの例と記号説明

θ は管長手軸となす角度

（矢印は穴の周りの応力の向きと大きさを示す）

係数 F

長手軸となす角度

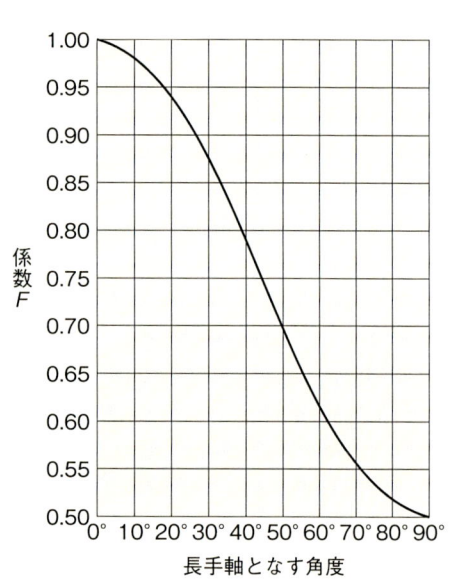

図 2-23　F を読むチャート

$$L_3 = \mathrm{Min}(h,\ 2.5t,\ 2.5t_i)$$

そして補強有効範囲内の補強有効面積 A_1、A_2、A_3、…を計算します。

$$A_1 = 2(L_1 - 0.5d)(\eta t - Ft_r) - 2t_n(\eta t - Ft_r)(1 - f_{r1})$$

右辺第 2 項が図 2-22 の ** の面積（管台なので A_1 より差引く）

$$A_2 = 2L_2(t_n - t_{nr})f_{r1}$$

$$A_3 = 2L_3 t_i f_{r1}$$

$$A_5 = (D_p - d - 2t_n)t_p f_{r3}$$

$A_{41} = (脚長)^2 \times f_{r2}$、$A_{42} = (脚長)^2 \times f_{r3}$、$A_{43} = (脚長)^2 \times f_{r1}$、$F$ は図 2-23 による。

評価の判定：$\sum_i A_i$ を計算し、$\sum_i A_i \geq A$ が穴の補強が確保されている条件です。

2-5（2）の穴の補強計算は、穴の補強に必要な強度が有効範囲内の母管、管台、補強板にあることを確認するものです。しかし、これは穴の強度の必要条件であって、十分条件ではない。すなわち、もしも母管に、

図 2-24 穴部の取付け強度不足による破壊形態の例

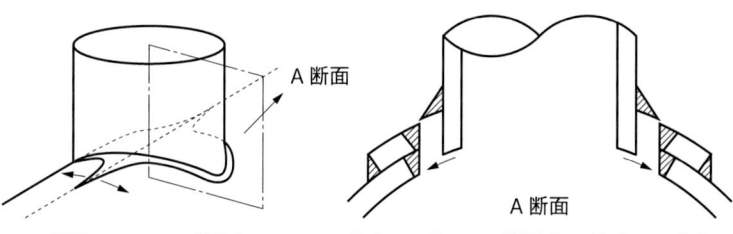

（図中ラベル）
- A 断面
- 図が煩雑になるため補強板は省略してあるが、母管と同じような壊れ方をするであろう。
- 管台と母管および補強板を接合する突合せ溶接部が引張りで、また、管台と補強板のすみ肉溶接部はせん断で破壊し、補強材が母管から切り離された状態。

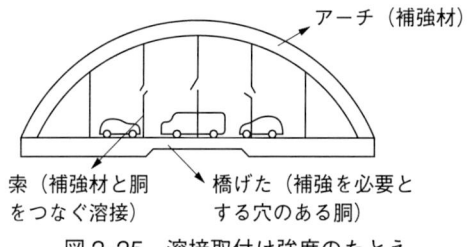

図 2-25 溶接取付け強度のたとえ

（図中ラベル）
- アーチ（補強材）
- 索（補強材と胴をつなぐ溶接）
- 橋げた（補強を必要とする穴のある胴）

　管台や補強板を取り付けている溶接部が強度不足で破断すると、管台と補強板などが持っている穴部への補強強度を穴のある母管側に伝達することができず、穴部で破壊が起きる。**図 2-24** はその破壊のイメージで、**図 2-25** は取付け強度の確認の必要性を橋にたとえて説明したものです（アーチの強度が必要条件、索の強度が十分条件）。したがって、溶接部が十分な強度を持っていることを確認する計算が必要です。

　補強取付け強度の計算方法は、やや煩雑となり本書の紙数に収めきれないので、以下の参考書を参照願います。

　圧力容器の構造と設計― JIS B 8265 及び JIS B 8267（JIS 使い方シリーズ）小林 英男（編集）、日本規格協会、2011 年刊

2-6 ● 例　題

〔例題 1〕　直管の肉厚決定計算

　設計圧力　10 MPa、設計温度 538℃、口径 200A、材質 STPA24、管外径公差＋2.4 mm、−0.8 mm、肉厚公差±12.5 %、腐れ代は 0 として、管の厚さを決めよ。ただし、管はスケジュール管を使い、また、開先部は開先合わせのため、管内面を下記寸法 C に加工するものとします。開先部の最小厚さが必要厚さを満足するか確認のこと。$C=$ 外径寸法＋（正の外径公差）−2×｛呼び厚さ−（負の厚さ公差）｝−0.25　必要厚さの計算式は、JIS B 8265 によるものとします。

〔解　答〕

(1)　この温度における STPA24 の許容応力を求める。JIS B 8265 付表 2.1.1 より、525℃で 64 MPa、550℃で 48 MPa ですから、補間法で、

$$\sigma_a = 64 - \frac{538-525}{550-525}(64-48) = 55.68 \text{ MPa}　\text{となります。}$$

(2)　薄肉の式によるか、厚肉の式によるかを判定します。

$$P = 0.385 \times 55.68 \times 1.0 = 21.43 > P = 10$$

より薄肉の式を選びます。

　管は外径基準なので、ここでは外径基準の式を選びます（ただし、外径基準のほうが内径基準の式より常に必要厚さが若干大きく出ます）。200 A の管の外径 D は 216.3 mm、STPA24 は継目なし管であるから、長手継手効率 $\eta=1$。

　必要厚さ計算式：

$$t_{sr} = \frac{PD}{2\sigma_a\eta + 0.8P} = \frac{10 \times 216.3}{2 \times 55.6 \times 1 + 0.8 \times 10} = 18.15 \text{ mm} \doteqdot 18.2 \text{ mm}$$

200 A、Sch160 の呼び厚さ 23.0 mm を使うと、負の肉厚公差を考慮した最小厚さは

$23.0 \times (1 - 0.125)$
$= 20.125 = 20.1$ mm
で必要厚さを満足しています。

次に開先部における最小厚さが必要厚さを満足しているかをチェックします（**図 2-26** 参照）。

Δ_+：外径の＋公差
Δ_-：外径の－公差

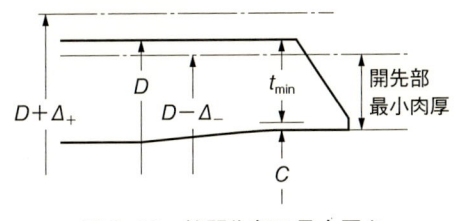

図 2-26　管開先部の最小厚さ

C 寸法は、$C = 216.3 + 2.4 - (2 \times 20.1) - 0.25 = 178.25$ mm
開先部の最小厚さ t_{min} は ｛(呼び外径－外径の負の公差) － C 寸法｝/2 で計算されます。したがって、

$t_{min} = (216.3 - 0.8 - 178.25)/2 = 18.6$ mm

となり、必要厚さ t_{sr}、18.2 mm を満足しているので、Sch160 の管を採用します。

〔例題 2〕　エルボの強度計算

（注：JIS 規格のエルボを使う限り、直管の強度計算のみでよい。ベンドの強度計算式を掲げている国内各種基準として、日本電気協会発行の「JEAC3706　圧力配管及び弁類規定」があります）

設計圧力 13 MPa、設計温度 566 ℃、口径 200 A、材質 PA24 のエルボで、中立軸の曲げ半径 R が外径 D に等しい場合の必要厚さを計算せよ（**図 2-27** 参照）。

〔解　答〕
(1)　温度 566 ℃ の許容応力を求めます。直管の例題と同じように、550 ℃ の許容応力：48 MPa、575 ℃ の許容応力：35 MPa ですから、566 ℃ の許容応力は補間法により、

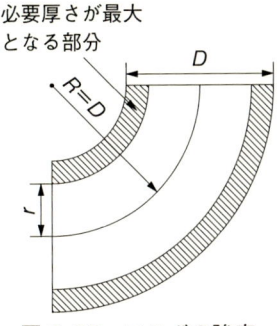

図 2-27　エルボの強度

$$\sigma_a = 48 - \frac{566-550}{575-550}(48-35) = 39.68 \text{ MPa}$$

(2) まず、この設計圧力、温度での直管の必要厚さを求めます。

薄肉の式によるか、厚肉の式によるかを判定します（表 2-1 参照）。
$P = 0.385 \times 39.68 \times 1.0 = 15.27 > P = 13$ より薄肉の式を選びます。必要厚さ計算式は、

$$t_{sr} = \frac{PD}{2\sigma_a \eta + 0.8P} = \frac{10 \times 216.3}{2 \times 39.68 \times 1 + 0.8 \times 10} = 24.75 \text{ mm} = 24.8 \text{ mm}$$

製造公差を考え、仮に管の呼び肉厚を 27.5 mm とする（この肉厚は、Sch160 の肉厚を超えています）。

(3) エルボの中立軸の内側の応力は、直管部応力にエルボの曲げ半径と内半径の比率で決まる応力増倍係数、$\frac{R-05r}{R-r}$（>1）倍になるので、直管の必要厚さ計算式の許容応力をあらかじめ、この係数で割って直管の必要厚さ計算式に入れれば、エルボの最も内側の部分の必要厚さが求まります。増倍係数を計算するには、エルボの内半径が必要ですが、エルボ厚さが未知なので内半径も未知。そこで近似値として、エルボの厚さを直管部の厚さと同じとして、

$$r = \frac{216.3 - (2 \times 27.5)}{2} = 80.7 \quad \text{また、} R = D = 216.3 \text{ ですから、}$$

$$\frac{R-05r}{R-r} = \frac{216.3 - (0.5 \times 80.7)}{216.3 - 80.7} = 1.30$$

$$t_{sr} = \frac{PD}{2\sigma_a \eta + 0.8P} = \frac{10 \times 216.3}{2 \times (39.68/1.30) \times 1 + (0.8 \times 10)} = 31.4 \text{ mm}$$

(4) この厚さでエルボ内径を計算し、エルボの厚さを再度計算します。エルボ厚さが収斂するまで、この計算を繰り返します。

なお、ASME B 31.1 のエルボ必要厚さ計算式は図 2-13 参照のこと。

第3章

配管の熱膨張応力

　配管は高温流体が通ると膨張して軸方向に伸びますが、配管の両端は一般に固定されているため、管の壁に熱膨張による応力が発生します。その応力は配管がたわむことによって、減らすことができます。

　本章では、熱膨張により発生する二次応力の性質、熱膨張応力の評価方法、配管のフレキシビリティなどについて学び、配管熱膨張により発生するトラブルの防止に役立てます。

3-1 ● 一次応力と二次応力

応力の種類には、重さや圧力などの荷重によって生じる一次応力と、熱膨張の拘束、または相対変位によって生じる二次応力があります。第2章の内圧や第8章の重量による応力は一次応力、本章の変位により発生する応力は二次応力です。まずは、一次応力と二次応力の違いを明らかにします。

（1） 内圧による応力は一次応力

一次応力は、力による荷重によって生じる応力で、代表的荷重に圧力と重量があります。例えば、梁（配管の一部を梁と考えることができます）の一端に重量が掛かると曲げモーメントとせん断荷重により、**図3-1**の応力-ひずみ曲線（7-1（1）（p.146）参照）に見るような、配管に応力が生じます（通常、曲げモーメントによる応力が主体で、せん断荷重による応力は比較的小さい）。荷重を増やしてゆくと、応力は応力-ひずみ座標の上を弾性的に、直線的にOからAへと、変化（応力＝縦弾性係数×ひずみ量で変化）しますが、さらに荷重が増え、応力が降伏点に達し、降伏応力を超えると、図3-1に見るようにひずみはC点、す

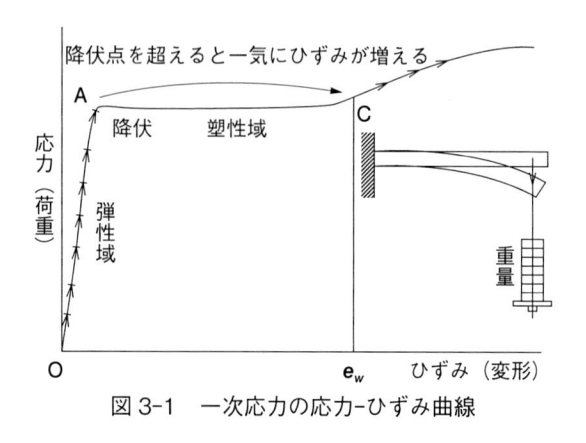

図 3-1　一次応力の応力-ひずみ曲線

なわちひずみ硬化により応力が再び上向くひずみ量 e_w まで一気に進み、配管全体に及ぶ変形が生じます。掛けた荷重がさらに大きければ、破断にまで行ってしまいます（7-1（1）(p.146) 参照）。

（2） 熱膨張による応力は二次応力

二次応力は変位によって生じる応力（変位応力とも呼ばれます）で、熱膨張により生じる応力もまた二次応力です。

例えば図 3-2 のように、上端が固定された垂直管の下端と片持ち梁の自由端がロッドでつながれているとします。配管が熱膨張により下へ伸びると、片持ち梁（配管の一部と考えても良い）は下方へ撓み、梁の断面には曲げ応力とせん断応力が発生します。

変位によって生じる応力の場合、O → A の弾性変形を過ぎ、応力が降伏点を超えても一次応力のように変位は一気に進まず、棒の所定の変位以上にひずみが増えることはありません。このように、変位によって生じるひずみは、与えられた変位以上に大きくならず、"自己限定的"（self limiting）です。

二次応力、すなわち変位による応力は、図 3-3 に示すように、配管熱

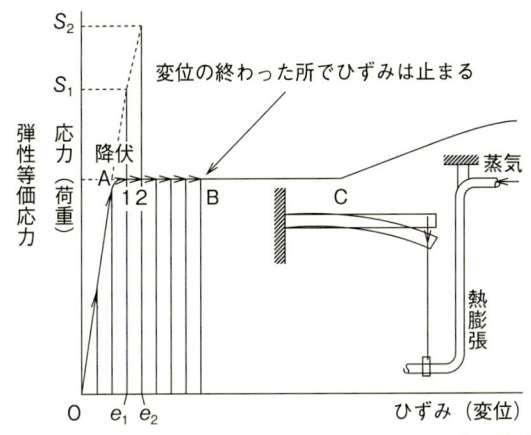

図 3-2 二次応力（変位応力）による応力-ひずみ曲線

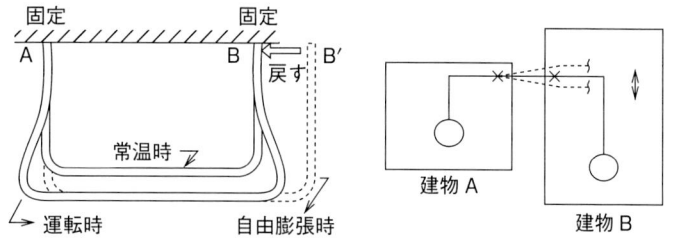

(a) 配管の熱膨張　　(b) 相対変位（地震、機器熱膨張、不等沈下）

図 3-3　配管に生じる変位による応力

膨張を拘束することにより、また、地震、配管の接続する機器間の熱移動、不等沈下などの固定端間の相対変位により生じます。

配管熱膨張も変位による応力であることを、図 3-3（a）で説明します。配管の両端 A、B、ともに固定されていますが、仮に B 端を自由にして、配管を常温から運転温度まで上げ、膨張させて、B が B′まで伸びたとします。運転温度のまま、自由端 B′を元の B 位置まで戻し（すなわち、変位させる）、元と同じ状態に固定します。戻すためには、力と曲げモーメントを配管端部に掛けてやらねばなりません。その力と曲げモーメントが運転温度時の配管反力です。その力と曲げモーメントにより、配管に変位による応力が発生します。

（3）　二次応力は降伏応力を超えてもよい

自己限定のある熱膨張応力は次のような特徴を持ちます。

① 延性のある管において、一般的に 1 回の荷重がかかっただけではこわれない。熱膨張応力による破壊の仕方は多数回、荷重の繰り返

> **豆知識**
>
> **配管の伸び方向**
>
> 配管の一端 A 点を固定し、他端 B 点を自由膨張させたとき、B 点の伸びる位置は、配管ルートに関係なく、A、B を結んだ直線の延長線上にあります（図 3-7 参照）。

しが作用することにより起こる疲労破壊です。
② 降伏強さに達しても破損や配管全体に及ぶような変形を起こさない。
③ 図 3-2 の A～C 間のように、降伏点に達した後、ひずみが増えても、応力の増えない区域があります。この区間は応力が一定のため、ひずみでしか変形の進展を表現できません。しかし、強度評価は応力を使ってやる仕組みになっているので、降伏後も弾性変形を維持したと仮定して、ひずみ量に縦弾性係数を掛けた、仮想の応力である弾性等価応力（図 3-2 の S_1、S_2 のように）で評価します。
④ 二次応力である熱膨張応力の許容応力は一次応力の許容応力とは異なります。

第 3 章 ● 配管の熱膨張応力

豆知識

小径管の第 1 サポートに注意

配管、機器、タンク、塔槽などの座に接続する小径管の第 1 サポート（取合い座に最も近いサポート）は現場の裁量で、適当な位置に取り付けられるかもしれませんが、次のことを考慮して位置を決めなくてはなりません。

まず、小径管と取り合う座の移動方向と移動量を確認すべきです。次に座と第 1 サポート間の配管が座の移動量を吸収できるフレビリティがあるかを経験、簡易計算、ソフトによる解析などにより確認し、第 1 サポートの位置と座～第 1 サポート間のルートを決定します。必要あれば、第 1 サポートをガイドにして、フレキシビリティの不足する方向の伸びを逃がしてやることが必要かもしれません。

3-2 ● 熱膨張応力範囲

（1） 配管熱膨張による破壊は低サイクル疲労

配管は運転と停止を繰り返すことにより、熱による膨張と収縮を繰り返します。膨張と収縮により配管に生じる応力は変化します。応力の変化の全幅を応力範囲（**図 3-4** 参照）といい、この大きさと繰返し数によって、配管の熱膨張に対する安全性が評価されます。針金を何回も折り曲げていると、やがて針金が切断されるのと同じように、配管は熱膨張と収縮を繰り返すことにより疲労し、破壊に至ることがあります。

疲労には２つのタイプがあります。応力の繰返し数（以後、サイクルと呼ぶ）10^7 以下で起こる疲労を低サイクル疲労と言い、10^7 を超える範囲で起こる疲労を高サイクル疲労と言います（**図 3-5** 参照）。

熱膨張による応力サイクルは、その原因となるプラント寿命中の運転

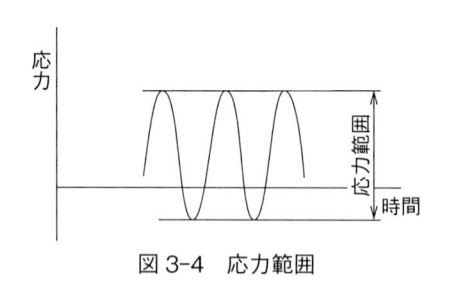

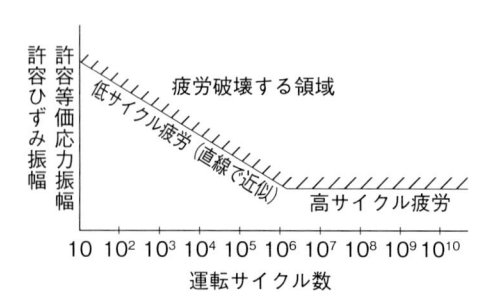

図 3-4　応力範囲

図 3-5　低サイクル疲労と高サイクル疲労

サイクルが一般には 10^6 以下なので、低サイクル疲労に属します。高いサイクル数の配管の機械的振動は、高サイクル疲労に属します。

（2） 運転サイクルと熱膨張応力

プラント配管は起動して運転に入ると、温度上昇し、やがて運転温度に達します。運転が終わると停止過程に入り、温度が降下し、停止すると元の常温に戻ります。この起動－運転－停止の過程を繰り返します。

図3-6にこの過程で発生する応力とひずみの変化を、応力－ひずみ曲線として示します。図3-6の①～③は、温度がクリープ域未満で、応力緩和を起こさない場合です（クリープ、応力緩和は7-1（2）（p.148）参照）。O点は運転を開始する前の状態で、配管温度は常温です。

配管熱膨張応力の評価は応力範囲で行い、S_Eはサイクル運転後の［運転温度の応力］－［常温の応力（0または運転時応力と逆符号）］で、これ

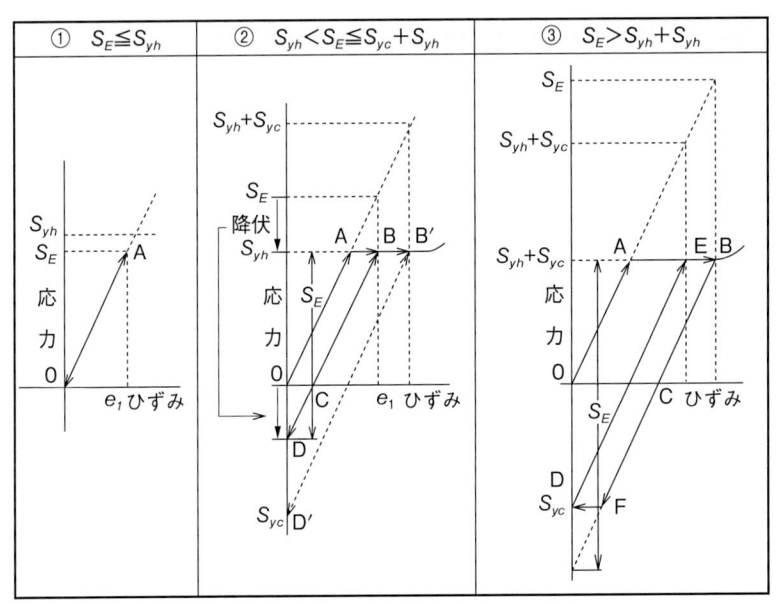

図3-6 いろいろな運転サイクル（クリープ域より低い温度域で、応力緩和は起こらない場合）

は運転温度の弾性等価応力に等しくなります（図3-6、3-8参照）。

図3-6の①は、運転時における熱膨張応力 S_E が運転温度の降伏応力 S_{yh} 以下（$S_E \leq S_{yh}$）の場合で、運転の全行程中、弾性域にあります。この場合、応力範囲 S_E は運転時の熱膨張応力に等しい。

図3-6の②は、$S_{yh} < S_E \leq S_{yc} + S_{yh}$ の場合（S_{yc} は常温の降伏応力）で、最初のサイクルの起動時にA→B間で降伏による塑性ひずみを残しますが、2回目以降のサイクルでは、D⇔Bを往復し、塑性ひずみを作らないので、理論的には許容できる範囲です。破線は S_E が $S_{yc} + S_{yh}$ に達した場合のサイクルを示し、サイクルごとの塑性変形を起こさない限界です。数サイクル後の常温の応力（D点）は運転応力と逆符号になります。

図3-6の③は $S_E > S_{yc} + S_{yh}$ の場合で、最初のサイクルでO→A→E→B→F→Dを経過し、E→BとF→Dの2回塑性変形をします。2回目以降のサイクルはDから始まり、D→E→B→Fのサイクルごとに2回の塑性ひずみを作るので、疲労の観点から許容されない範囲です。

（3） コールドスプリングとセルフスプリング

コールドスプリングとは、運転状態（一般に高温状態）の反力と応力を減らすため、据付け時（常温状態）にあらかじめ運転時応力と反対向きの応力を与え、運転時の反力、応力を軽減させる措置を言います。

具体的方法は、運転時伸びる配管であれば伸び量の全部、または一部

用語解説

反力とは

ニュートンの力学の第3法則は作用・反作用の法則ですが、配管が熱膨張することにより、機器ノズルに力やモーメントを及ぼします。これが作用であり、機器ノズルにはこれらの力、モーメントに対抗する、大きさが等しく向きが反対（符号が逆）の配管を押し返す力、モーメントが生じます。これが反作用であり、反力です。(2-1（2）の「用語解説」(p23) 参照)。

をカット(短く)して製作し、据付けるとき所定寸法より短かい分を引張って据付けます(**図3-7**)。コールドスプリングをとることにより、常温時に運転時と符号を逆にする反力と応力が生じますが、その分、運転時の反力と応力を減らすことができます。ただし、応力範囲はコールドスプリング0の場合と変わりません(**図**3-8参照)。配管伸び量の全量をカットした場合、コールドスプリング100％(または1.0)、50％カットした場合をコールドスプリング50％(または0.5)と言います。

コールドスプリング量を0、50、100％と変えた場合のサイクルにおける応力、反力の変化を示したのが、図3-8です。ここでは、応力は降伏点を超えない範囲としますが、高温域で応力緩和するケースは図3-8の②に示します。

図から分かるように、熱膨張量または温度変化を一定とした場合、コールドスプリングの量に関係なく応力範囲 S_E は一定であり、また応力緩和の有無に関係なく、数サイクル後には応力範囲 S_E は一定となります。

コールドスプリングの主な目的は次のとおりです。
① 運転時(高温状態)の反力を軽減する
② 熱膨張するために必要な配管スペースを小さくすることができます(長い管の場合)

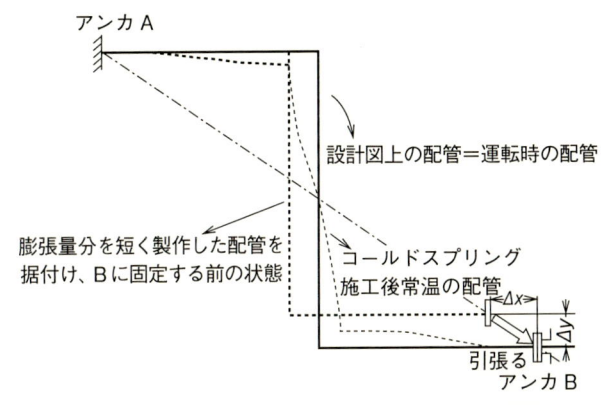

図3-7 コールドスプリング100％施工の配管

C.S.と応力緩和	応力-ひずみ曲線	応力、または反力の変化
① 0％＆応力緩和なし	応力-ひずみグラフ：原点スタートから直線的に上昇、S_E	運動時応力または反力／停止時応力または反力：S_E、時間
② 0％＆応力緩和あり	応力-ひずみグラフ：A点、応力緩和、応力緩和S_r限界、B、C、D、S_E、S_E-S_r	運動時応力または反力／停止時応力または反力：S_E、S_r、S_E、時間
③ 50％＆応力緩和なし	応力-ひずみグラフ：スタートからS_E	運転時応力または反力／停止時応力または反力：S_E、時間

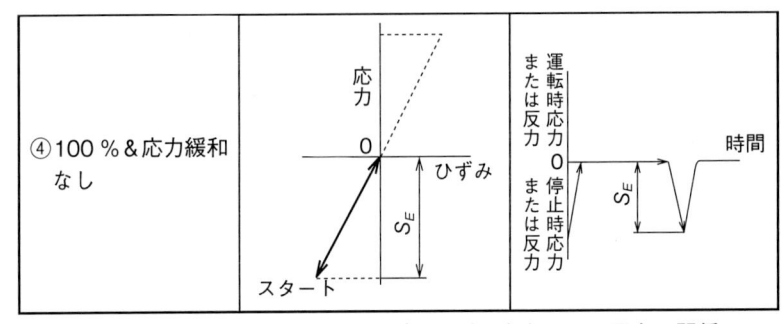

図 3-8　応力緩和、コールドスプリングと応力または反力の関係

〔注〕応力緩和限界、クリープについては、7-1（2）（p.148）を参照。

　図 3-8 の②の図において、配管が初回の運転で昇温し、A、B、そしてCを経て、停止状態Dになったとき、応力、反力ともに、運転時のBの状態と反対符号となります。Dにおける応力、反力は、人工的にコールドスプリングをとった図 3-8 ③の 50 ％コールドスプリングの場合と似ており、コールドスプリングと同じ効果があります。

　このように応力緩和（または降伏）により運転時の応力が下がり、その結果、常温時に運転時と反対向きの応力が生じ、そのため、自然に、コールドスプリングと同じ効果がでる現象を**セルフスプリング**と称します。

（4）熱応力解析はこのように行われる

　配管の熱膨張応力の強度評価（応力解析）は、現在ほとんどの場合コンピュータにより行われます。

　応力の解析において、評価する熱応力は熱膨張応力範囲です。計算された応力範囲は、常温時の縦弾性係数 E_c を使って計算されたものがベースとなります。これは、100 ％コールドスプリングの場合の「弾性等価応力」に等しい。この計算応力範囲と許容応力範囲とを比較して応力の妥当性の評価がなされます。

　また、配管の固定点に発生する配管反力は、E_c を使って計算される熱

膨張応力範囲 S_E に基づき計算される反力 R をベースに計算されるので、運転温度における反力 R_h は計算反力 R に E_h/E_c を掛けて得られます。

（5） 許容応力範囲はこのようにして決められた

疲労強度を決めるものは応力範囲です。

安全係数を考慮する前の強度の基準となる応力範囲 S_{EB} は、図 3-6 の②より分かるように、次のようになります。

クリープ域未満では $S_{EB} = S_{yh} + S_{yc}$　　　　　　　　　　　（3-1）

応力緩和を起こすクリープ域では $S_{EB} = S_r + S_{yc}$　　　　　　（3-2）

この S_{EB} につき、1955 年米国技術者 Markle は、Code による許容応力の決め方（7-1（4）（p.149）参照）を基に、$1.5（S_c + S_h）$ 以下になるとみなし、これに安全係数を考慮し、S_{EB} の許容応力範囲を、$1.25（S_c + S_h）$ とすることを提案しました。

配管に生じる長手応力は、熱膨張応力の他に圧力と重量による一次応力が掛かっています。この 1 次応力に最大で S_h をとられるので、熱膨張単独に対する許容応力範囲 S_A としては、

$S_A = f（1.25S_c + 0.25S_h）$　　　　　　　　　　　　　　　　（3-3）

となります（f については後述）。

この式が現在でも、ASME B 31.1、B 31.3 で広く使われています。

この許容応力範囲は、一次応力に適用される許容応力に比べ高くなっていますが、この応力は仮想の弾性等価応力で、実際にこの応力が発生しているわけではありません。

f は応力範囲係数と呼ばれ、熱膨張応力のサイクル数に応じ、許容応力範囲を減少させる係数で、サイクル数 $N<7,000$ での $f=1.0$ から $N>250,000$ での $f=0.5$ まで変わります。その逓減率は図 3-5 の低サイクル疲労曲線に近い。

7,000 回の運転回数は 20 年間、1 日 1 サイクルを意味し、実質的には 20 年以上の運転時間に相当する場合も多いでしょう。

3-3 ● 熱膨張反力

　熱膨張する配管が運転温度時、常温時に、固定点に及ぼす熱膨張反力は 3-2（4）で記した要領で計算されます。ASME B 31.1 および B 31.3 では、反力計算式を次のように定めています。

運転時反力　　$R_h = \left(1 - \dfrac{2}{3}C\right) R \dfrac{E_h}{E_c}$　　　　　　　　　（3-4）

常温時反力　　$R_c = C \cdot R$　または、　　　　　　　　　（3-5）

$$R_c = \left(1 - \dfrac{S_h}{S_E} \cdot \dfrac{E_c}{E_h}\right) R < 1 \quad\quad\quad (3\text{-}6)$$

　この三つの式を以下に読み解きます。

　R は、常温の縦弾性係数を使って計算した S_E により生じる反力で、コールドスプリング 100 % をとったときの常温時反力 R_c に等しい。すなわち $R_c = R$ で、この式にコールドスプリング係数 C（コールドスプリング 100 % を 1 とする）を導入すれば、式（3-5）となります。また、コールドスプリング 0 の運転温度における反力 R_h は、$R_h = R(E_h/E_c)$ です。この式にコールドスプリング係数 C を導入すれば、$R_h = (1-C)R(E_h/E_c)$ となります。理論的にはこの式になりますが、コールドスプリングの施工（管を引張る作業）を正確に行うことはかなり難しいことなので、コールドスプリング量の 2/3 を信用することとし、式（3-4）となりました。

　〔注〕 式（3-4）の E_h/E_c を掛けない市販のフレキシビリティ計算ソフトもあるようです。その方が安全サイドとなります）

　式（3-6）は応力緩和があった場合の常温時反力であり、図 3-8 の②の状態における反力で、同図から、

$$R_c = \left(\dfrac{S_E - S_r \dfrac{E_c}{E_h}}{S_E}\right) R = \left(1 - \dfrac{S_r}{S_E} \dfrac{E_c}{E_h}\right) R \quad \text{そして、}$$

S_r は許容応力表から読み取れる S_h で代替し、式（3-6）が得られます。

3-4 ● 配管のフレキシビリティ

「この配管はフレキシビリティがある」、とか「ない」、とかいう。フレキシビリティとは配管の「撓みやすさ」のことで、与えられた熱膨張量に対し、生じる熱応力または反力が、より小さい配管は、「よりフレキシビリティのある配管」です。

図3-9の（A）は全くフレキシビリティのない配管で、配管が伸びようとしても全く伸びられないので、極めて大きな熱応力（圧縮応力）が発生します。例えば、図3-9（A）の両端完全固定の炭素鋼の直管150A、Sch.40の管が温度20℃から120℃になっただけで、234 MPaの大きな応力（この場合は圧縮応力。応力の大きさは管の外径、断面積、長さに関係しない。ただし、曲げ応力の場合は、外径に比例する）と、826 kNの大きな力が発生します（計算過程は次頁"豆知識"参照）

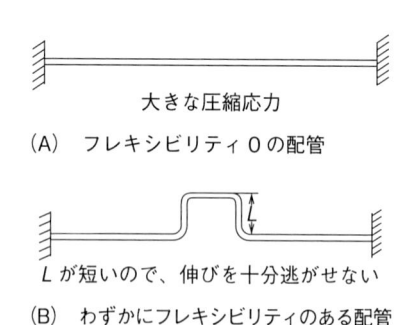

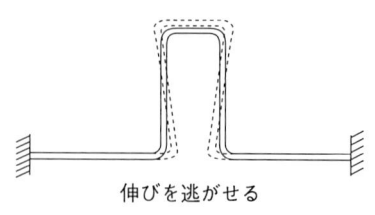

大きな圧縮応力
（A）　フレキシビリティ0の配管

Lが短いので、伸びを十分逃がせない
（B）　わずかにフレキシビリティのある配管

伸びを逃がせる
（C）　フレキシビリティのある配管

図3-9　配管のフレキシビリティ

図3-9（B）は少し伸び方向に直交する管があるので、わずかだがフレキシビリティがあります。常温に近い運転温度なら問題ないかもしれません。図3-9（C）は図（B）より、さらに伸び方向に対する直角方向の長さが長いので、フレキシビリティが図（B）より大きく、熱応力を図（B）より小さくできます。

　ASME B 31.1 と B 31.3 には、配管熱膨張に対し、生じる熱応力が妥当か、否かを簡易的に判定する式が記されています。その判定式は以下のとおりです。

$$\frac{DY}{(L-U)^2} \leq 208{,}000\frac{S_A}{E_c} \qquad (3\text{-}7)$$

ここに、

D：管外径〔mm〕

Y：配管によって吸収されるべき合成変位量（機器ノズル移動量も含入のこと）〔mm〕

L：2つの固定点間の展開長さ〔m〕

U：2つの固定点間の直線距離〔m〕

S_A：許容応力範囲（式（3-3）で求められるもの）〔kPa〕

豆知識

両端固定、直管の熱応力と反力の計算

　両端固定の炭素鋼の直管150A、Sch.40 の管が、温度が20℃から120℃になったとき、発生する応力と反力を計算します。

〔記号〕e：与えられた温度間の熱膨張ひずみ〔m/m〕、E：炭素鋼の縦弾性係数〔N/m^2〕、A：管壁の断面積〔m^2〕

発生熱応力：$S = e \cdot E = 1.17 \times 10^{-3} \times 2 \times 10^{11} = 2.34 \times 10^8$ 〔N/m^2〕
　　　　　　$= 234$〔MPa〕

発 生 反 力：$F = A \cdot S = 3.53 \times 10^{-3} \times 2.34 \times 10^8 = 8.26 \times 10^5$ 〔N〕
　　　　　　$= 826$〔kN〕

E_c：常温の縦弾性係数〔kPa〕

　この式が適用できるには、いろいろな制約条件があり、かつ、コンピュータによる応力解析が簡便に行える今日、この式の意義はそれほど大きいとはいえません。

　しかし、本式を考察すると、式（3-7）の右辺が許容応力範囲ですから、左辺、$DY/(L-U)^2$もまた、熱膨張応力範囲を表しています。応力範囲は弾性等価応力を表しており（3-2（2）参照）、したがって$DY/(L-U)^2$は熱膨張による弾性等価応力を表していると言えます。

　この式より、「$L-U$が一定、すなわち、同じ配管ルートであれば、熱膨張応力（または熱膨張応力範囲）は管外径に比例しますが、管の厚さには関係しないこと」、また、「配管ルートが固定間の直線距離に比し、固定間の管展開長さが長い、すなわち曲りくねった配管の方がフレキシビリティがある」ことがわかります。

　ここまで、熱膨張に対して、応力範囲を小さくするためには、配管にフレキシビリティが必要であることを説明してきました。しかし、フレキシビリティのある配管は、拘束の少ない、たわみやすい配管でもあり、そのため振動しやすい配管ということになります。

　必要以上にフレキシビリティを持たせること（配管ルート的、サポート的に柔らかすぎる配管）は、地震に対しても、運転中に起こる振動に対しても、振れやすくなり、破損したり、運転ができなくなるなどの、熱応力による低サイクル疲労とは、別の問題が起こります。したがって、フレキシビリティを不必要に大きくとることは避けるべきです。その方がコスト的にもメリットがあります。

第4章

管路の圧力損失

　配管設計、プラント設計においては、管径を決める、ポンプの全揚程を決める、必要落差を求める、流量を求めるなどの課題に必ず出会います。そのとき、本章の出番となります。

　ベルヌーイの定理、水力勾配線、圧力損失計算式、レイノルズ数、摩擦抵抗係数、流体平均深さ、経験式、弁・管継手の損失、圧縮性流体の損失などについて学ぶことにより、上記課題に対処できるようにします。

4-1 ● ベルヌーイの定理と水力勾配線

(1) ベルヌーイの定理

質量のある物体にエネルギー保存則があるように、流体にもエネルギー保存則があります。ベルヌーイの定理がそれです。

質量のある物体のエネルギー保存則は次式で表されます。

$$mgz + \frac{1}{2}mV^2 = 一定$$

ここに、m：質量、g：重力の加速度、z：基準線からの高さ、V：速度。

mg で両辺を割り、単位質量当たりに直すと、

$$z + \frac{V^2}{2g} = 一定$$

一方、流れのエネルギー保存則は、ベルヌーイの式と呼ばれ、圧縮性も粘性もない理想流体（実際には存在しない）の場合、

$$z + \frac{p}{\rho g} + \frac{V^2}{2g} = H_0 \tag{4-1}$$

で表されます。質量系のエネルギー保存則と比べると、質量にはない圧力の項が追加されています。

ここに、p：圧力〔N/m²〕、ρ：密度〔kg/m³〕、V：平均流速〔m/s〕、g：重力の加速度〔9.8 m/s²〕、z：基準線からの高さ〔m〕、H_0：水頭〔m〕です。

ベルヌーイの式の各項は水頭、すなわち液柱の高さで表しており、単位は〔m〕です。z を位置水頭、$V^2/2g$ を速度水頭、$p/\rho g$ を圧力水頭、そして全ての水頭の合計である H_0 を全水頭、と呼びます。

摩擦や粘性のある実際の流体の場合、式 (4-2) で表されます。

$$z + \frac{p}{\rho g} + \frac{V^2}{2g} + h_L = H_0 \tag{4-2}$$

または、流線上の任意の上流の位置を 1、下流の位置を 2 として

$$z_1 + \frac{p_1}{\rho g} + \frac{V_1^2}{2g} = z_2 + \frac{p_2}{\rho g} + \frac{V_2^2}{2g} + h_L \tag{4-3}$$

と表されます。

ここに、h_L は損失水頭〔m〕で、管の壁と流体、流体の隣り合う層と層の間にある流速の差（図 4-4、図 4-6 参照）により発生する粘性抵抗と、流れの乱れや渦が熱に変わる、などして生じる損失です。流体が流れれば、必ず損失が発生します。

ついでに、ベルヌーイの式と関係の深い「連続の式」を挙げておきます。

連続の式とは、流れの合流、分岐がなければ、流線上のどこにあっても流量は一定という式で、

$$Q = \frac{\pi}{4}D^2 V = \frac{\pi}{4}D_1^2 V_1 = \frac{\pi}{4}D_2^2 V_2 \tag{4-4}$$

ここに、Q：流量〔m³/s〕、D_1、D_2、V_1、V_2：位置 1 または 2 の管内径〔m〕と流速〔m/s〕。

（2） 水力勾配線、エネルギー勾配線、圧力勾配線

式 (4-2)、(4-3) を図に表すと**図 4-1** のようになります。図は水位に差のある 2 つの水槽を管で連絡し、管の途中、適当な箇所に液柱計をとりつけた装置に、水を流した状態を示しています。

管路の下の任意の高さに基準線を引きます。ある位置における基準線からの流線までの高さ z、圧力 $\frac{p}{\rho g}$、速度 $\frac{V^2}{2g}$、損失 h_L の各水頭を足した全水頭 H_0 は、流線上（例えば、管断面の中心を通る線）のどこをとっても一定であって、流速 0、圧力 0（ゲージ圧）の左の水槽水面の高さに等しくなります。

① 水力勾配線

液柱計に見える水位を結んだ線を水力勾配線と呼びます。基準線から

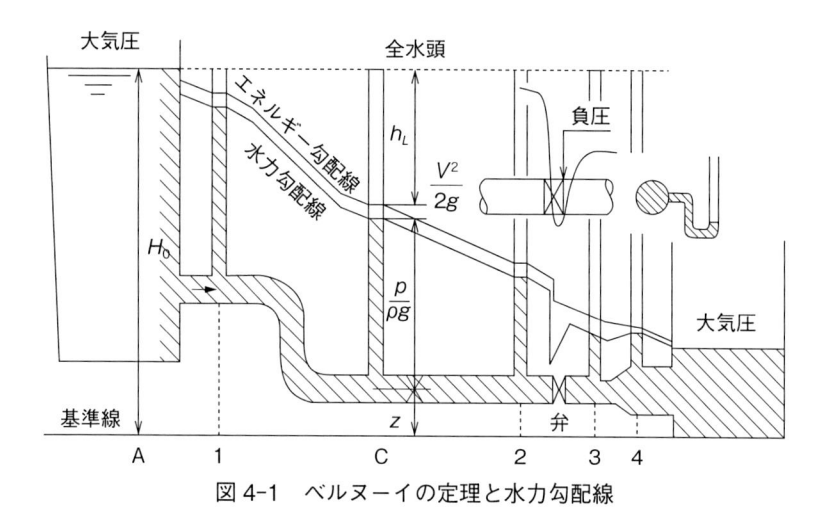

図 4-1 ベルヌーイの定理と水力勾配線

の水力勾配線の高さを式で書けば、式（4-5）となります。

$$z + \frac{p}{\rho g} \left(= H_0 - \frac{V^2}{2g} - h_L \right) \tag{4-5}$$

水力勾配線が管より下にある部分は、液柱計の水面が管より低く、負圧であることを意味します。図の右側水槽の手前の拡大レジューサ部分で、水力勾配線が上り勾配になっているのは、ベルヌーイの定理により、流速 V が下がれば圧力 p が上がるからです。すなわち、流線のレベル（高さ）が変わらず、損失がないと仮定すれば、

$$\frac{p_3}{\rho g} + \frac{V_3^2}{2g} = \frac{p_4}{\rho g} + \frac{V_4^2}{2g}$$

より、$V_3 > V_4$ であれば、$p_3 < p_4$ となります。

弁のところで水力勾配線がＶの字になるのは、**図4-2**に示すように、弁ポート直後で最大の圧力損失となった後、下流でその圧力損失の一部が回復するからです。この現象はオリフィスの下流においても見られます。

② **エネルギー勾配線**

水力勾配線に速度水頭を加えた線をエネルギー勾配線と呼びます。
式で書けば、

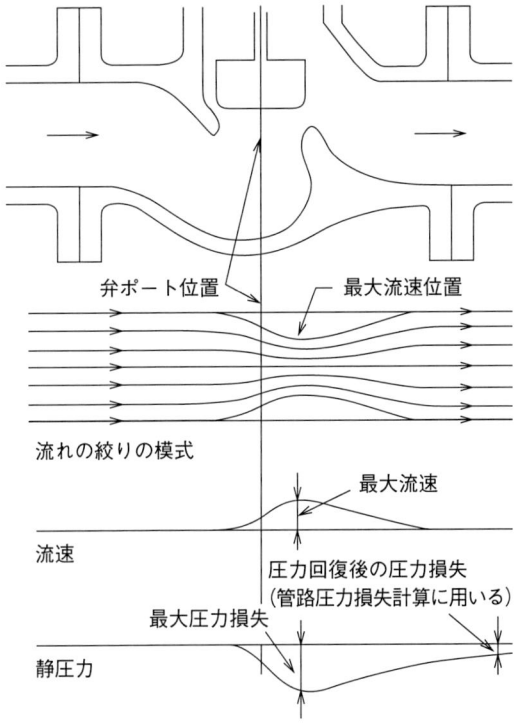

図 4-2 の図中ラベル:
- 弁ポート位置
- 最大流速位置
- 流れの絞りの模式
- 最大流速
- 流速
- 圧力回復後の圧力損失（管路圧力損失計算に用いる）
- 最大圧力損失
- 静圧力

図 4-2　絞りの下流での圧力回復（弁の場合）

$$z + \frac{p}{\rho g} + \frac{V^2}{2g} (= H_0 - h_L) \qquad (4\text{-}6)$$

これは、全水頭から損失水頭を差し引いた線でもあります。

損失水頭は摩擦や流れの乱れにより熱として失われるエネルギーで、一度失われると回復することはないので、エネルギー勾配線は常に下り勾配となります。

③ 圧力勾配線図

この線図はあまり使われませんが、基準線上に $p/\rho g$ を立て、連ねた線が圧力勾配線図です。静圧を基準線上で静圧の高さを連ねたものですから、流線上の静圧分布を一目で把握するときに便利です。

4-2 ● ダルシー・ワイスバッハの式

(1) 圧力損失の計算式:ダルシー・ワイスバッハの式

管路の圧力損失は次に示すダルシー・ワイスバッハの式 (4-7) で求めることができます。液の高さで表す圧力損失、すなわち損失水頭 h_L は、

$$h_L = f\frac{L}{D} \times \frac{V^2}{2g} \qquad (4\text{-}7)$$

圧力差で表すときは、式 (4-7) に ρg を掛けて、

$$\Delta p = \rho f\frac{L}{D} \times \frac{V^2}{2} \qquad (4\text{-}8)$$

式 (4-7) と式 (4-4) より、V を Q に変換すると、式 (4-9) となります。

$$h_L = f\frac{L}{D} \times \frac{1}{2g}\left(\frac{Q}{\frac{\pi}{4}D^2}\right)^2 = f\frac{8L}{\pi^2 D^5} \times \frac{Q^2}{g} \qquad (4\text{-}9)$$

となり、損失水頭は内径の5乗に反比例します。

　　ここに　f:管摩擦抵抗係数　無次元
　　　　　　L:管長さ〔m〕(圧力損失計算対象の管の長さ)
　　　　　　V:平均流速〔m/s〕(流量を断面積で割ったもの)
　　　　　　D:管内径〔m〕
　　　　　　Δp:圧力損失〔Pa(=N/m^2)〕
　　　　　　ρ:流体密度〔kg/m^3〕

　流体が液体の場合、損失を損失圧力でなく、損失水頭で表すのは、圧力より液柱の高さの方が損失の大きさをイメージしやすいからです。ポンプの揚程(くみ上げ高さ)なども一般にはkPaでなくmで表します。

　しかし、流体が気体の場合は、損失圧力は圧力で表します。水頭に ρg を掛けて、圧力に変換した式が (4-8) です。

　管摩擦抵抗係数 f はレイノルズ数と管内表面の相対粗さから求まるも

のです。(本節の(4)参照)

(2) 圧力損失の特徴

ダルシー・ワイスバッハの式 (4-7)(以後、略してダルシーの式と呼ぶ)から次のことが分かります。ほかの変数は一定として、

(イ)　損失水頭は管の長さに比例する
(ロ)　(L/D) 一定であれば損失は変わらない
(ハ)　損失水頭は流速の2乗に比例する
(ニ)　損失水頭は内径の5乗に反比例する(式 (4-9) 参照)
(ホ)　損失水頭は管摩擦抵抗係数に比例する

式 (4-7) の L/D の項は次のように考察できます。

図4-3 から、おおよそ想像がつくように、口径が小さい方が、壁面と流れの、そして隣り合う流れの層の間の、速度勾配 $\Delta u/\Delta y$ が大きくなり、流れによるせん断力 τ は、$\tau = \mu(\Delta u/\Delta y)$ で表され、速度勾配 $\Delta u/\Delta y$ に比例します。ここに μ は粘性係数。したがって、口径の小さい方が流速が同じでもせん断力、すなわちせん断抵抗が大きい。流体の粘性による圧力損失はせん断抵抗に比例するので、口径の小さい方が圧力損失が

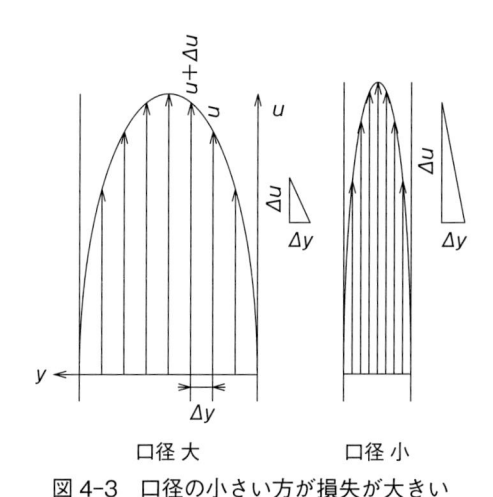

図 4-3　口径の小さい方が損失が大きい

同じ流速、管摩擦係数で、同じ損失水頭
となる管の長さは下記のようになります。

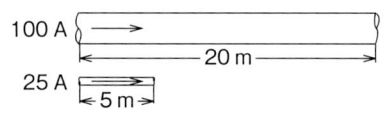

```
100 A ┤────────→
      ├──── 20 m ────┤
 25 A ┤─→
      ├ 5 m ┤
```

図 4-4 同じ流速の径の異なる管の損失水頭
〔注〕 管摩擦係数は口径が小さくなると若
干増えるので上図の差はもう少し広
がる。

大きくなるのです（**図 4-4** 参照）。

（3） レイノルズ数を求める

19 世紀、イギリスの物理学者であり、技術者であったオズボーン・レイノルズの名を冠した、レイノルズ数（以後、Re 数または Re と略称する）という無次元数は、次項（4）で説明する管摩擦抵抗係数を計算する際、不可欠のものです。

レイノルズ数の物理的意味は、2 つの流れの Re 数が等しいとき、2 つの流れは力学的に相似—例えば流線が相似—になるということです。

Re 数は流体の慣性力と粘性力の比を表すパラメータで、

$$Re \text{数} = \frac{\text{慣性力}}{\text{粘性力}} \propto \frac{\text{質量} \times \text{加速度}}{\text{粘性によるせん断力} \times \text{せん断面積}}$$

$$\propto \frac{\rho L^3 \times (L/T^2)}{\mu(V/L) \times L^2} = \frac{\rho L^2 V^2}{\mu L V} = \frac{\rho V L}{\mu}$$

これが Re 数で、無次元数です。L は代表長さ。
円管の場合 $L = D$、したがって、

$$Re \text{数} = \frac{\rho D V}{\mu} = \frac{DV}{\nu} \tag{4-10}$$

ここに、ν は動粘性係数で、$\nu = \mu/\rho$ です。
式（4-10）の ρ、D、V の単位は 4-2（1）参照。

μ の単位は〔N·s/m^2＝Pa·s〕、ν の単位は〔m^2/s〕。

粘性係数 μ は絶対的な粘性係数であるのに対し、動粘性係数 ν は動きのある流体の粘性の性質を表したものです。流体を車に例えれば、粘性 μ は車のブレーキ力のようなもの、動粘性係数 ν は車体の重さを考慮に入れたブレーキ力のようなものと言えます。すなわち、同じブレーキ力でも、軽い車は重い車よりブレーキの利きが良い。同じように、粘性係数 μ が同じ流体でも ρ の小さい軽い流体の方が粘性の利きは大きい。

Re 数の式から分かるように、他の変数を一定とすると、Re 数は次のように変化します。

（イ）　流速が速くなると、Re 数は大きくなる
（ロ）　密度が大きくなると、Re 数は大きくなる
（ハ）　管径が大きくなると、Re 数大きくなる
（ニ）　粘性が大きくなると、Re 数は小さくなる
（ホ）　動粘性係数が大きくなると、Re 数は小さくなる

Re 数＝慣性力/粘性力　であるから、流体の Re 数が小さいということは、慣性力小、粘性力大の流れを意味し、流体の性質としては抑制の利いた、乱れにくい流れということが言えます。

また、Re 数が大きいということは、慣性力大、粘性力小の流れを意味し、流体の性質としては、自由奔放の乱れやすい流れということができます。

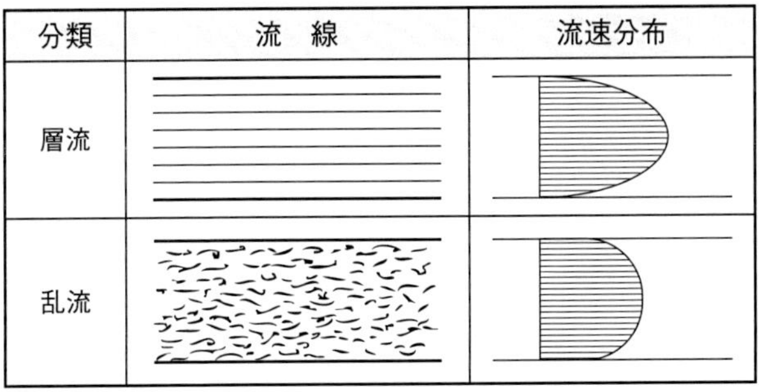

分類	流　線	流速分布
層流		
乱流		

図 4-5　層流と乱流

一般に、Re数≦2,300の流れは、**図 4-5** に示す層流で、水の粒子は流れの直角方向の速度成分を持たず、流れ方向に層を成すように整々と流れます。

Re＞4,000の流れは図4-5に示す乱流となり、水の粒子が流れ方向と直角方向の速度成分を持つ乱れた流れとなります。そのため、流れの中央部分の流速分布が均されて、フラットな形状となります。

2,300＜Re≦4,000は、僅かな刺激で層流になったり、乱流になったりする不安定な遷移的な流れとなります。

（4） 摩擦抵抗係数 f を求める

摩擦抵抗係数 f は Re 数の関数で、下記の式またはムーディ線図により算出します。

① 摩擦抵抗係数 f の式

流れのパターンごとに下式により摩擦抵抗係数 f を計算します。流れのパターンは**図 4-6** のムーディ線図を参照。以下の式に使われている新たな記号は次のとおりです。

ε：管内面の表面粗さ〔m〕、ε/D：相対粗さ

層流：$f = 64/Re$ 　　　　　　　　　　　　　　　　　　　　　　　　(4-11)

乱流：中間域はコールブルックの式

$$\frac{1}{\sqrt{f}} = -2\log\left(\frac{\varepsilon/D}{3.7} + \frac{2.51}{Re\sqrt{f}}\right) \tag{4-12}$$

滑らかな管のとき、式（4-12）の $\varepsilon/D = 0$ として、

$$\frac{1}{\sqrt{f}} = 2\log\left(\frac{Re\sqrt{f}}{2.51}\right) \tag{4-13}$$

粗い管（完全乱流）のとき、式（4-12）の $Re = \infty$ として、

$$\frac{1}{\sqrt{f}} = 2\log\left(\frac{3.7}{\varepsilon/D}\right) \tag{4-14}$$

式（4-12）と式（4-13）は、両辺に f が入っていて、コンピュータなら簡単に f を出せるが（コンピュータで f を計算するときは、式（4-11）

～式（4-14）が使われます）、手計算では、トライアンドエラーを繰り返せねばならず、非常に手間がかかります。それで、左辺のみに f が入る近似式が幾つか考案されています。

式（4-15）はその近似式の1つで、ハーランドの式といいます。

$$\frac{1}{\sqrt{f}} = -1.8 \log\left[\left(\frac{\varepsilon/D}{3.7}\right)^{1.11} + \frac{6.9}{Re}\right] \qquad (4\text{-}15)$$

この式は、$4{,}000 \leq Re \leq 10^8$ の範囲で、式（4-12）との誤差±1.5％以下。

② ムーディ線図より摩擦抵抗係数 f を読む

図4-6のムーディ線図は米国のムーディが1944年ASMEに発表したもので、横軸は Re 数、縦軸は式（4-11）～（4-14）を使って計算した f を、両対数目盛座標上に、相対粗さ ε/D をパラメータにして、プロットしたものです。同時に発表された、材料別表面粗さのチャート（本書では表にまとめました。**表4-1**参照）とともに、現在でも、当時のものが、そのまま継承されています。

表4-1によれば、われわれが通常使う鋼管の表面粗さは、新しい状態

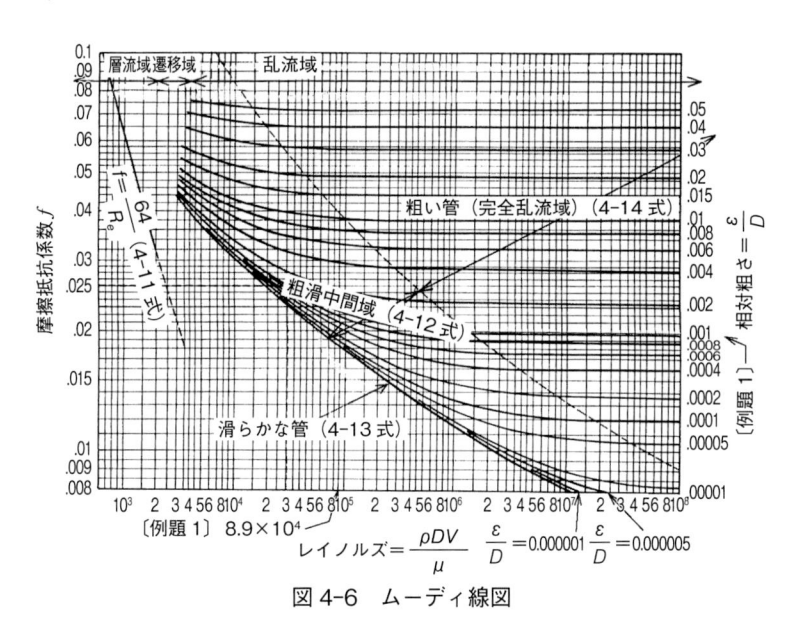

図4-6　ムーディ線図

表 4-1　流路の表面粗さ

管の種類	表面粗さ〔mm〕
引抜きチューブ（銅チューブなど）	0.0015
市販の鋼管	0.05
アスファルト塗り鋳鉄	0.12
亜鉛引き鋳鉄	0.15
木筒（木製で樽状の管）	0.18～0.91
コンクリート	0.30～3.0
リベットで締結した管	0.91～9.1

鋼管は通常、表面粗さ 0.05 mm にとる。

の場合、ほぼ 0.05 mm です。

　　ムーディ線図で摩擦抵抗係数 f を読む方法は、
- （イ）　相対粗さ ε/D と Re 数を計算する
- （ロ）　計算した相対粗さをチャート右端の相対粗さの該当する位置にとる。その位置上に相対粗さの線があれば、その線に沿って左へ移動させてゆく（計算した相対粗さが相対粗さの線上に来なかった場合は、最も近い相対粗さの線を目安にして、該当する相対粗さの仮想の線を左方へ引いてゆく）。
- （ハ）　一方、計算した Re 数をチャート下端の Re 数の該当する位置にとり、上へあげてゆく
- （ニ）　（ロ）の相対粗さの線と（ハ）の Re 数とが交差する点を求める
- （ホ）　その交点を左へ水平移動し、チャート左端に達したところの摩擦抵抗係数 f を読む（例題1、(p.90) 参照）。

〔**参考**〕　化学工業界ではダルシーの式よりもファニングの式（4-16）が使われることが多い。ファニングの式は、ダルシーの式を4倍した式となっており、その代りファニングの摩擦抵抗係数 f は、ダルシーの式の f の 1/4 としていて、計算結果は両者同じとなります。すなわち、ファニングの f を求めるチャートの f 値はムーディ線図の f の目盛の数値を

1/4 にしたものとなっています。

$$h_L = 2f\frac{L}{D} \times \frac{V^2}{g} \tag{4-16}$$

（5） 円形以外の流路、開水面のある水路の損失および流量計算の方法

ダルシーの式を使って、円形以外の流路や開水面を持つ水路の損失水頭 h_L を計算できます。円形以外の流路や開水面（自由水面）を持つ流路の場合、ダルシーの式において、管径 D の代わりに、水力直径 D_H =（流体平均深さ R_H ×4）を使います。すなわち、

$$h_L = f\frac{L}{D_H} \times \frac{V^2}{2g} \tag{4-17}$$

$$= f\frac{L}{8R_H} \times \frac{V^2}{g} \tag{4-18}$$

ここに、$R_H = \dfrac{流路断面積}{濡れ縁長さ}$ （濡れ縁長さは図 4-7 参照）、また、f を読むときの Re 数は $Re = \dfrac{\rho DV}{\mu}$ の代わりに $Re = \dfrac{\rho D_H V}{\mu}$ を、相対粗さ $\dfrac{\varepsilon}{D}$ の代わりに $\dfrac{\varepsilon}{D_H}$ を使う。

満水の円の場合は $R_H = \dfrac{(\pi/4)D^2}{\pi D} = \dfrac{D}{4}$ ∴ $D_H = 4R_H = D$

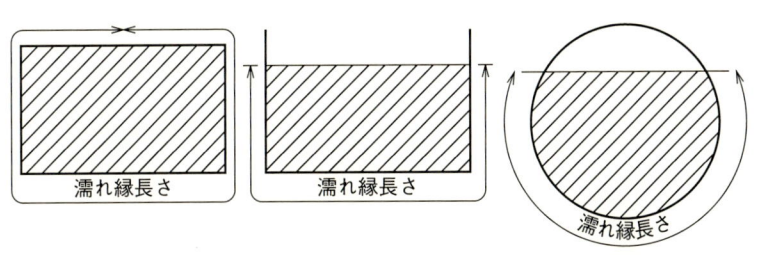

図 4-7　円形以外の流路、開水面を持つ水路と濡れ縁長さ

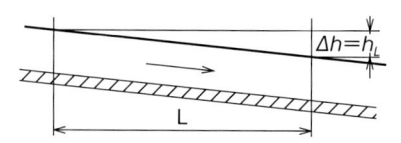

図4-8 開水面を持つ水路の動水勾配

　なお、開水面のある水路は一般に勾配がつけてありますが、その勾配を動水勾配といい、長さLの間の落差Δhが、長さLの間の損失h_Lとなるように流れます（**図4-8**参照）。すなわち、動水勾配＝$\Delta h/L=h_L/L$です。h_Lの代わりに動水勾配が与えられても、流速や流量を求めることができます。すなわち式（4-7）、および式（4-9）を次のように変形し、（$\Delta h/L$）の部分に導水勾配を入れればよい。

$$V=\sqrt{\left(\frac{\Delta h}{L}\right)\frac{2gD_H}{f}}$$

$$Q=\pi\sqrt{\left(\frac{\Delta h}{L}\right)\frac{gD_H^5}{8f}}$$

（6）ダルシーの式を使って流量問題を解く

　流量の問題は、未知数が何か、すなわち求めるものは何かによって、代表的な3つの問題に分けられます。

　問題ごとの解き方のコツを**表4-2**に示します。ダルシーの式を「求めるもの＝」の式に変換して使います。求めるもの以外は与えられているものとします。

　91頁に例題があります。

表 4-2　代表的な流量問題を解くコツ

求めるもの	求めるものの式	解き方のコツ
水頭損失 h_L	$h_L = f \dfrac{L}{D} \times \dfrac{V^2}{2g}$	式の右辺の変数は全て与えられているはずなので、各値を式に代入すれば h_L が求まる。
流速 V または 流量 Q	$V = \sqrt{\dfrac{2h_L D g}{fL}}$ または $Q = \pi D^2 \sqrt{\dfrac{h_L D g}{8fL}}$	V が未知なので、Re 数が求められず、したがって f が求められない。そこで、 ①：Re 数が関係しない「粗い管」の ε/D の f であると仮定し、 ②：V（または Q）を計算、 ③：得られた V（または Q）を使って、Re 数を計算、 ④：得られた Re 数を使って、f を計算、 ⑤：①で仮定した f と比較。 ⑥：一致したら、②の V が答え。一致しなかったら、②へ戻って、④の f を使い、f が収束するまで繰り返す。
管内径 D	$D = \sqrt[5]{\dfrac{8fLQ^2}{\pi^2 g h_L}}$	D が未知なので、Re 数が求められず、f が求められない。f を 0.03 と仮定し、左の式を使い、D を求め、V を求め、その後は「V を求める上のケース」と同じ要領で、f が収束するまで繰り返す。

> **豆知識**
>
> **小数点以下の数字の丸め方**
>
> 　配管の仕様を決めるための計算において、小数点以下の数字を小数点以下1桁に丸めることが多い。その場合、小数点以下2桁目を切上げるか切下げるかします。通常、強度や安全に関する計算において、四捨五入はあり得ません。切上げにするか、切捨てにするかの判断は計算結果が安全サイドになるよう選択します。

4-3 経験式

（1） 特定の業界で使われている経験式

　汎用的なダルシーの式に代えて、特定の業界、例えば、上水道界や下水道界などでは、経験式が使われます。経験式は理論から求めたものではなく、特定の業界などにおいて蓄積された実績・経験により導入された式です。それら業界において経験式が使われるのは経験式の方が扱いやすいということ、またダルシーの式より若干保守的な計算結果が得られることもあるであろう。

　ダルシーの式と経験式の特徴を**表 4-3** において比較します。

表 4-3　ダルシーの式と経験式の特徴

ダルシーの式	経験式
使用制限が少ない。有意の差圧のある圧縮性流体を除く流体、全ての Re 数範囲に使用できる。	特定の業界用に開発された式であるため、使用できる範囲がせまい（水であること）。Re 数の範囲に制限あり。
計算結果はリーズナブルな値が出る。	同じ流れの条件で計算すると、損失がダルシーの式より、経験式の方が一般に若干多めに出る。
各種の管継手、バルブの損失を評価できる。	管継手、弁の損失の評価式はない。管継手等の損失はダルシーの式で別に計算して加算するか、経験式の運用の仕方で対処。
摩擦抵抗係数 f の読取りや計算がやや煩わしい。また 4-2（6）に見るように、f を求めるのにトライ＆エラーを強いられることがある。	摩擦抵抗係数に相当するもの（C または n）が、Re 数と無関係で、明快かつ簡単に求められる。V、Q、D を求めるときは式を $V=$、$Q=$、$D=$ に書き直すことにより求めることができる。

(2) 代表的な経験式

代表的な経験式である、ハーゼン・ウィリアムスの式とマニングの式を紹介します。これらの式は、円形以外の流路、開水面を持つ流路の計算もできます（**表 4-4**、**4-5** の粗さ定数は、他にもさまざまなものが発表されています）。

① ハーゼン・ウィリアムスの式

口径 50 mm 以上の管に使用でき、水道業界で広く使われています。主として鋳鉄管用。

$$h_L = \frac{1.35\, V^{1.85} L}{C^{1.85} R_H^{1.17}} \qquad (4\text{-}19)$$

ここに、R_H は流体平均深さ〔m〕、C は表 4-4 に示す粗さ定数、V は流速〔m/sec〕、Q は流量〔m³/sec〕、L は管長〔m〕。

式（4-19）は円管の場合、次のように書き換えられます。

$R_H = 4D$ より、

$$h_L = \frac{6.835\, V^{1.85} L}{C^{1.85} D^{1.17}} \quad \text{または} \quad h_L = \frac{10.67\, Q^{1.85} L}{C^{1.85} D^{4.87}} \qquad (4\text{-}20)$$

② マニングの式

完全乱流域の流れに適用できます。

$$h_L = \frac{L V^2 n^2}{R_H^{4/3}} \qquad (4\text{-}21)$$

ここに n は**表 4-5** に示す粗さ定数、その他の記号はハーゼン・ウィリ

表 4-4　ハーゼン・ウィリアムスの式の C の値

管材料	C
裸の鋳鉄、ダクタイル鋳鉄	100
亜鉛めっき鋼管	120
プラスチック	150
セメントライニングした鋳鉄、ダクタイル鋳鉄	140
銅チューブ、ステンレス鋼管	150

表 4-5 マニングの式の n の値

材料	n 最小	n 正常	n 最大
スパイラル鋼管	0.013	0.016	0.017
コーティングした鋳鉄管	0.01	0.013	0.014
裸の鋳鉄管	0.011	0.014	0.016
亜鉛めっき鋼管	0.013	0.016	0.017
セメントモルタル	0.011	0.013	0.015
仕上げたコンクリート	0.01	0.012	0.014

アムスの式と同じ。

式（4-21）は円管の場合、次のように書き換えられます。

$$h_L = \frac{6.35 L V^2 n^2}{D^{4/3}} \tag{4-22}$$

（3） ダルシーの式と経験式の類似点

経験式は、ダルシーの式と一見まったく異なるように見えますが、**表 4-6** のように変数を互いに比較してみると、案外近いことが分かります。

表 4-6 ダルシーの式と経験式の比較

変数	ダルシーの式	ハーゼン・ウィリアムスの式	マニングの式
流速	2乗	1.85乗	2乗
水力直径	1乗	1.17乗	4/3＝1.333乗

4-4 ● 拡大・縮小、管継手・弁の損失

（1） 拡大・縮小、管継手・弁の損失の概要

直管以外の損失としては、**表 4-7** に示すものがあります。

これら圧力損失は相当直管長さ L_e/D（例えばある管継手の損失に等しくなる直管の長さ L_e を、管内径で割ったもの）、または損失係数 K を使って評価します。すなわち、拡大・縮小、管継手・弁の損失は、

$$h_L = f\left(\frac{L_e}{D}\right)\frac{V^2}{2g} \quad (4\text{-}23)$$

または、

$$h_L = K\frac{V^2}{2g} \quad (4\text{-}24)$$

表 4-7　拡大・縮小、管継手・弁の損失

大分類	小分類	特　徴
拡大、縮小	容器から管への縮小（管入口）	一般的に、拡大より縮小の方が損失が小さい（理由はベルヌーイの定理で説明できる。**図 4-9** 参照。）拡大、縮小角度の小さい方が損失は少ない。
	管から容器への拡大（管出口）	
	急縮小、緩い縮小（レジューサ）	
	急拡大、緩い拡大（レジューサ）	
	オリフィス	
管継手	エルボ、ベンド	曲げ半径がベンドの内径の 2～3 倍位で損失が最小となる。T の損失評価は複雑。
	T（分岐、合流）	
弁	ボール弁	上から、損失の小さい順に並べてある。弁内の流路が直線的なものが最も損失が小さい。次に、曲がる角度の小さい方が、また、曲がる箇所が少ない方が損失が少ない。**図 4-10**、**図 4-11** 参照。
	仕切弁	
	バタフライ弁	
	スイングチェック弁	
	アングル弁	
	玉形弁	

縮小管は $V_1<V_2$ となるので、ベルヌーイの定理より $P_1>P_2$ となる。したがって、下流の圧力が下がり、スムースに流れ、損失が少ない。	$\xrightarrow{V_1}$ P_1　　$\xrightarrow{V_2}$ P_2
拡大管は $V_1>V_2$ となるので、ベルヌーイの定理により、$P_1<P_2$ となる。したがって、下流の圧力が上がり、主流でない所で部分的な逆流、渦を生じ、損失が大きくなる。	$\xrightarrow{V_1}$ P_1　　$\xrightarrow{V_2}$ P_2

図4-9　拡大と縮小の損失

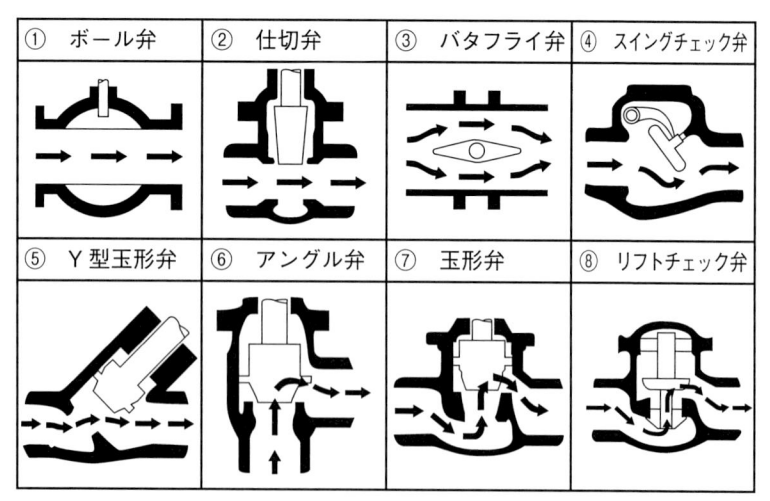

① ボール弁	② 仕切弁	③ バタフライ弁	④ スイングチェック弁
⑤ Y型玉形弁	⑥ アングル弁	⑦ 玉形弁	⑧ リフトチェック弁

図4-10　弁の損失　大小の比較

図4-11　弁内の曲りが多くなるほど損失係数 K は大きくなる

で表されます。一般に、式（4-24）の方が多く使われています。
　拡大・縮小は損失係数で表されますが、管継手、弁は直管相当長さで表される場合もあります。
　式（4-23）、式（4-24）から、

$$f\left(\frac{L_e}{D}\right) = K \tag{4-25}$$

が成り立ち、互換性があります。
　拡大・縮小、管継手・弁の損失の特徴を**表4-7**に示します。
　図4-10は各種弁形式の弁内の流れの大まかな流線を示し、抵抗係数 K の小さい方から大きい方へ順に並べたものです。
　図4-10を整理して簡単にしたものが、図4-11で、弁内の流れの曲りが多いほど、損失係数 K が増えます。
　実務において、拡大・縮小、管継手・弁の損失を計算する場合、個々の損失係数については、下記の図書を参考されたい。英文であるが、①が最も実務的で使いやすい。

① Flow of Fluids through Valves, Fittings and Pipe Technical Paper No.410 Metric Edition、2009年、米国 Crane 社発行
② Internal Flow System D S Miller 2nd Edition、2009年、英国 Miller Innovations 社発行
③ 内部流れシステム（② Internal Flow Systems の訳本）、原著者：D S Miller、訳者　西山 御民/原 眞、2011年、ベステック社発行
④ 技術資料：管路とダクトの流体抵抗、日本機械学会、1971年

（2）合計損失水頭

① 配管の損失は、直管と、拡大・縮小（管の入口、出口損失を含めること）、管継手、弁類、などの各損失水頭を最後に式（4-26）のように合計します。

$$h_L = \left(f\frac{L}{D} + \Sigma K\right)\frac{V^2}{2g} \tag{4-26}$$

② 2種類以上の管サイズ、例えば D_1, D_2 があるとき、V_1, V_2 のように別々の流速を使って、

$$h_L = \left(f\frac{L_1}{D_1} + \Sigma K_1\right)\frac{V_1^2}{2g} + \left(f\frac{L_2}{D_2} + \Sigma K_2\right)\frac{V_2^2}{2g} \quad (4\text{-}27)$$

と計算してもよいが、連続の式において、式（4-4）から得られる

$$V_2 = \frac{D_1^2}{D_2^2} V_1$$

を使って、式（4-27）を変換し、

$$h_L = \left\{\left(f_1\frac{L_1}{D_1} + \Sigma K_1\right) + \left(f_2\frac{L_2}{D_2} + \Sigma K_2\right)\left(\frac{D_1}{D_2}\right)^4\right\}\frac{V_1^2}{2g} \quad (4\text{-}28)$$

のように、1つの代表的な流速を使って、計算することもできます。

豆知識

細い管の標準流速はなぜ遅い

一般に管の標準流速は口径が大きくなるにつれ速くなっています。言い換えれば、細い管ほど標準流速を遅くしています。それは「JIS F7101 2002 船舶機関部配管－標準流速」のチャートにも見られるとおりです。

その理由は、71〜72頁の図4-3、図4-4とその説明から導くことができます。

すなわち、同じ流速でも管が細いほど、圧力損失が増えます。したがって、細い管の標準流速を遅くして、細い管の圧力損失が過大になるのを防ぐことを意図しているものと考えられます。さらに管のエロージョンに対する配慮があると思われます。小径管は流速0の管壁付近の速度勾配が大きく、そのため流れ方向のせん断力が大きくなり、壁面の金属面を保護する被膜（さび）を、より剥離させる結果を生み、流れ加速型腐食（FAS）を助長させる可能性も考えられます。また、細い管は剛性が小さいので、振動の観点から流速を小さくした方が良いこともあると思われます。

4-5 ● 圧縮性流体の圧力損失

（1） 圧縮性流体は圧力損失により膨張する

　ダルシーの式は圧力が変化しても、比容積は常に一定という前提のもとに成り立つ式です。したがって、ダルシーの式を適用できる流体は、圧力による比容積の変化が無視できる水、油のような液体、すなわち非圧縮性流体です。

　図 4-12 は、容器から容器へ管に流体を流した場合の、管長さ方向の距離を横軸に、流体の圧力 P と比容積 v（流速と言っても良い）を縦軸に示したものです。非圧縮性流体の場合は破線で示すように、圧力は圧力損失分減るが、比容積（流速）の変化は一般に無視できるほど小さい。

　圧縮性流体の場合は実線で示すように、圧力損失により圧力が下がると比容積が増え、流速が増大し、それにより圧力損失が増大すると、さらに比容積、そして流速が増え圧力損失が増えます。ダルシーの式にはそれら比容積増大の影響は考慮されていない。しかし本節の（3）のような、ある条件下においてはダルシーの式により、近似的に圧縮性流体の圧力損失を求めることができます。

（2） 損失水頭の式を圧力損失の式に変換

　気体の場合、圧力損失は水頭 h_L ではなく、圧力損失 Δp で表されま

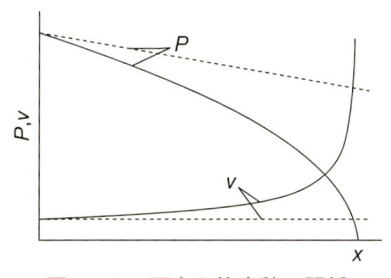

図 4-12　圧力と比容積の関係

す。そこで水頭 h_L の式を圧力損失 Δp の式に変換します。記号は以下とします。頭についている Δ は差圧を意味します。

p：圧力〔Pa〕、p_k：圧力〔kPa〕、ρ：密度〔kg/m³〕、v：比容積〔m³/kg〕、V：流速〔m/s〕、L：管長さ（または直管相当長さ）〔m〕、D：管内径〔m〕、d：管内径〔mm〕、Q：体積流量〔m³/hr〕、q：体積流量〔m³/s〕、W：質量流量〔kg/hr〕、w：質量流量〔kg/s〕、

また、p'：圧力〔Paa〕、p_k'：圧力〔kPaa〕、ダッシュがついたのは絶対圧力を示します。添字1は入口、2は出口を示します。p、p_k、の記号の違いにより、圧力の単位が異なるので注意。

なお、下式はすべて $f(L/D) = K$ により、K に置き換えることができます。式（4-25）参照。

基本式は、

$$\Delta p = \rho g h_L = \rho g f \left(\frac{L}{D}\right)\frac{V^2}{2g} = \frac{f\rho L V^2}{2D} \text{〔Pa〕} \qquad (4\text{-}29)$$

変形された以下の式の内径 d の単位は mm であることに注意。

$$\Delta p_k = 0.5 \frac{f\rho L V^2}{d} \text{〔kPa〕} \qquad (4\text{-}30)$$

$$\Delta p_k = 8.106 \times 10^7 \frac{f\rho L q^2}{d^5} = 225.2 \frac{f\rho L Q^2}{d^5} \text{〔kPa〕} \qquad (4\text{-}31)$$

$$= 8.106 \times 10^7 \frac{fvLw^2}{d^5} = 225.2 \frac{fvLW^2}{d^5} \text{〔kPa〕} \qquad (4\text{-}32)$$

（3） ダルシーの式を圧縮性流体の流れに適用する

ダルシーの式を圧縮性流体に適用する場合は、入口圧力（絶対圧力）に対する圧力損失の比により、次のように対処しますが、これは、あくまでも近似的なやり方です。

① 圧力損失（$p_1' - p_2'$）が入口圧力の 10% 未満のとき、入口または出口の ρ または v を使う

② 圧力損失（$p_1' - p_2'$）が入口圧力の 10% より大きく、入口圧力の

40％未満のとき入口と出口における ρ または v の平均値を使う。または理論式、経験式によります
③ 圧力損失（$p_1{}'-p_2{}'$）が入口圧力の 40％より大きい場合は、理論式、経験式によります

圧縮性流体の圧力損失あるいは流量の、理論式、または経験式を知りたい方は、4-4（1）に掲げる参考書を参照願います。

豆知識

圧縮性流体のチョーク

　AからBへ、管路に圧縮性流体を流すとき、A～B間の差圧がある程度以上大きくなると、「チョーク」という現象が現れます。Aの圧力を一定にして、Bの圧力を下げ、差圧を増やしていくと、流量は増えていくが、Bの圧力を下げても流量が増えなくなるBの圧力が存在します。この圧力を「臨界圧力」、これ以上流れない流量を「臨界流量」、そして、そのような状態を「チョーク（閉塞）」と呼びます。なぜチョークが起こるかは省略しますが、管路の入口と出口の端部の形状が共に直角（スクエアカット）の管路においては、Bの絶対圧力がAの絶対圧力の 1/2 以上あれば、チョークを起こしません。チョークを起こさない理由、臨界圧力、臨界流量の求め方を知りたい方は、85頁①などの文献を参照願います。

4-6 ● 例　題

（1）損失水頭を求める例題

〔例題1〕：25℃、流量 0.2 m³/min の水が 50A、スケジュール 40、長さ 30 m の鋼管を流れます。このとき生じる損失水頭を、ダルシーの式を使って求めよ。

〔解答〕：

①　まず流速 V を求める

50 A、スケジュール 40 の管の外径は 60.5 mm、厚さは 3.9 mm

したがって、内径は $60.5 - 2 \times 3.9 = 52.7$ 〔mm〕

　　管内面積 $S = (\pi \times 52.7^2)/4 = 2,180$ 〔mm²〕 $= 0.00218$ 〔m²〕

　　毎秒流量 $= 0.2/60 = 0.00333$ m³/sec

　　流速 $V = 0.00333/0.00218 = 1.53$ 〔m/sec〕

②　レイノルズ数と摩擦抵抗係数を求める

25℃の水の密度 ρ と粘性係数 μ を Web サイト、理科年表、などから探し出します。

　　$\rho = 995.5$ 〔kg/m³〕、$\mu = 0.90 \times 10^{-3}$ 〔N·s/m²〕$= 0.90 \times 10^{-3}$ 〔Pa·s〕

　　$Re \text{ 数} = \dfrac{DV\rho}{\mu} = \dfrac{0.0527 \times 1.53 \times 995.5}{0.90 \times 10^{-3}} = 89,000$

管の表面粗さ ε は鋼管だから、0.05 mm にとります。したがって、

　　相対粗さ $= \varepsilon/D = 0.05/52.7 \approx 0.001$

③　摩擦抵抗係数 f を求める

図 4-6 のムーディ線図より f を読みます。横軸上の Re 数 $= 8.9 \times 10^4$ の位置に垂線を立てます。右側の縦軸上で、相対粗さ $\varepsilon/D = 0.001$ を見つけ、太線に沿って左の方へたどり、Re 数 $= 8.9 \times 10^4$ との交点を求めます。その交点より、左の方へ水平線を引き、左側の縦軸で f の値を読みます。

　　$f = 0.0225$ と読み取ります。

④ 損失水頭 h_L を求める

ダルシーの式、式 (4-7) より損失水頭を求めます。

$$h_L = f\frac{L}{D} \times \frac{V^2}{2g} = 0.0225 \frac{30}{0.0527} \times \frac{1.53^2}{2 \times 9.81} = 1.53 \,[\mathrm{m}]$$

（2） 管サイズを求める例題

〔例 題2〕：高低差 20 m の落差を利用して、25℃、流量 1 m³/s の水を 2,000 m 輸送するための鋼管サイズをダルシーの式を使って求めよ。

〔解 答〕：

① これは、表 4-2 (p.79) の管内径を求める問題です

表 4-2 より管内径 D を求める式は、

$$D = \sqrt[5]{\frac{8fLQ^2}{\pi^2 gh_L}}$$

流速、口径が未知なので、摩擦抵抗係数が求められません。そこで、真ん中へんの $f = 0.03$ と仮定し、上式に分かっている数値を入れます。

$$D = \sqrt[5]{\frac{8 \times 0.03 \times 2000 \times 1^2}{3.14^2 \times 9.81 \times 20}}$$

$$= \sqrt[5]{\frac{480}{1930}} = 0.757 \,[\mathrm{m}]$$

流速は、$V = \dfrac{1}{\dfrac{\pi \times 0.757^2}{4}} = 2.22 \,[\mathrm{m/s}]$、

$D = 757$ mm として、相対粗さは、$\dfrac{\varepsilon}{D} = \dfrac{0.05}{757} = 6.6 \times 10^{-5}$

また、例題1より、$\rho = 995.5 \,[\mathrm{kg/m^3}]$、$\mu = 0.90 \times 10^{-3} \,[\mathrm{Pa \cdot s}]$

したがって Re 数は、$Re 数 = \dfrac{DV\rho}{\mu} = \dfrac{0.757 \times 2.22 \times 995.5}{0.90 \times 10^{-3}} = 1.9 \times 10^6$

図 4-6 のムーディ線図より f を読みます。横軸の Re 数 = 1.9×10^6 の位置に垂線を立てます。右側の縦軸上で、相対粗さ $\varepsilon/D = 6.6 \times 10^{-5}$ を見つけ、太線に沿って左の方へたどり、Re 数 = 1.9×10^6 との交点を求めま

す。その交点より、左の方へ水平線を引き、左側の縦軸でfの値を読みます。$f=0.0125$ と読み取れます。

② 仮定したfと大きく異なるので、$f=0.0125$で再度Dを求める

$$D = \sqrt[5]{\frac{8 \times 0.0125 \times 2000 \times 1^2}{3.14^2 \times 9.81 \times 20}}$$

$$= \sqrt[5]{\frac{200}{1930}} = 0.635 \,[\mathrm{m}]$$

流速は、$V = \dfrac{1}{\dfrac{\pi \times 0.635^2}{4}} = 3.16\,[\mathrm{m/s}]$

相対粗さは、$\dfrac{\varepsilon}{D} = \dfrac{0.05}{635} = 7.9 \times 10^{-5}$

したがってRe数は、

$$Re\,数 = \frac{DV\rho}{\mu} = \frac{0.635 \times 3.16 \times 995.5}{0.90 \times 10^{-3}} = 2.2 \times 10^6$$

ムーディ線図よりfを読みます。横軸上のRe数$=2.2\times10^6$と右側の縦軸上の相対粗さ$\varepsilon/D=7.9\times10^{-5}$より、先程と同じように、左側の縦軸の$f$の値を読むと、$f=0.0124$と読み取れます。仮定した$f$とほぼ同じなので、収斂したと見なし、内径635 mm以上の鋼管を選びます。

ダルシーの式で検算をします。

$$h_L = f\frac{L}{D} \times \frac{V^2}{2g} = 0.0125\frac{2000}{0.635} \times \frac{3.16^2}{2 \times 9.81} = 20\,[\mathrm{m}]$$

高低差20 mと一致したので、結果が正しいことがチェックされました。

第5章

配管の振動

　配管に振動はつきものです。一般に管の軸直角方向の剛性は低く、振動しやすい性質があります。

　配管の振動は、人に不快感や不安感を与え、さらには、金属疲労を起こし、破壊することもあります。疲労は腐食と並んで、配管の最も多い損傷原因の1つです。

　本章では、各種振動の特徴、起こるメカニズム、対策を学び、振動を抑止する配管の設計、起きてしまった振動トラブルの原因究明、そして事故の再発防止策策定の際などに役立つようにします。

5-1 ● 配管振動の基本的な考え方

　振動とは、質量を持った物体がある位置を中心として周期的に揺れることです。振動が発生すると、繰り返す交番の応力（圧縮応力と引張応力を交互に繰り返す）が発生し、振動による応力の振れ幅（振幅）や回数（サイクル数）の程度により、材料の降伏応力以下の低い応力でも疲労破壊します。疲労により装置・配管の寿命が設計寿命より著しく短くなることもあります。したがって、起こるかもしれない振動は極力その発生を抑える対策を設計に盛り込み、止む無く起こると予測される振動に対しては、その振動を評価し、必要な対策を打っておくべきです。

　〔注〕　今後出てくる用語の説明
　　　　　被振動体：振動させられるもの。
　　　　（振動）系：被振動体を含め、その振動に影響を及ぼすもの。

（1）　振動の持つ基本的性質

① 　周期的に同じ波形を繰り返す振動は、どんなに複雑な振動であっても、正弦波（サインカーブ）の組合せからなっています。複雑な振動の波形がどのような正弦波が組合わされているかを見出すことを調和分析といいます。調和分析は波形分析装置により簡便に行うことができます。

② 　次の2つの条件が備わると、振動が起こる可能性があります。
　（イ）　被振動体が質量を持ち、運動による運動エネルギーを持っていること
　（ロ）　被振動体は運動による変形によりエネルギーを蓄えられること

③ 　振動数は、一般に被振動体の重さが増えると減少し、被振動体の剛性（こわさ）が増えると振動数が増加する。被振動体の重さと剛性（＝縦弾性係数×断面二次モーメント）が分かれば、被振動体の

固有振動数を計算できます。

（2） 機械振動と音響（気柱）振動

配管技術者が扱う振動には機械振動と音響（気柱）振動があります。

機械振動には、梁または棒状のものの長手方向に対し直角に振動する横振動と、長手方向に伸縮を繰り返す縦振動とがあります。

機械振動の例は、梁や回転軸、弦などの横振動、梁やコイルスプリングの縦振動、などがあります（**図** 5-1 参照）。

音響振動は媒体（液体や気体）中を音速で伝わる圧力波によって起こされます。波は流体が粗（膨張）と密（収縮）を繰り返す粗密波で、管軸方向に音速で伝わります。流体は膨張と収縮を繰り返しつつ、流速で移動するのに対し、粗密の波は音速で縦（管軸）方向へ伝達するので縦

表 5-1　振動の種類のまとめ

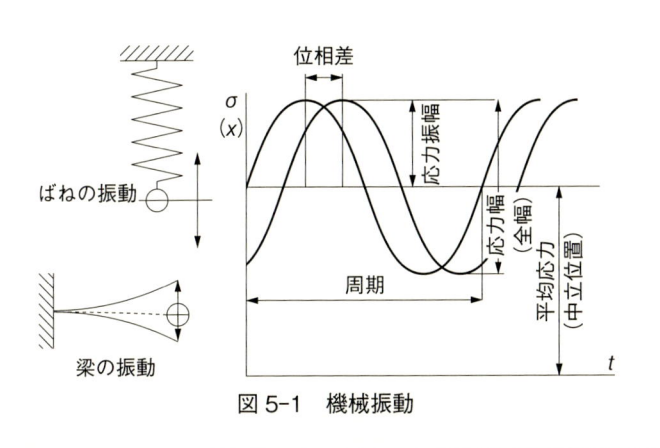

機械振動	縦振動	梁、ばね	長手方向に振動。伸縮運動。
	横振動	梁、ばね、弦	長手方向に対し直角に振動。横振れ。
音響振動	縦波	気体、液中を伝わる粗密波	波は流体中の音速で伝わる。
	横波	—	存在しない。

図 5-1　機械振動

図 5-2　音響振動

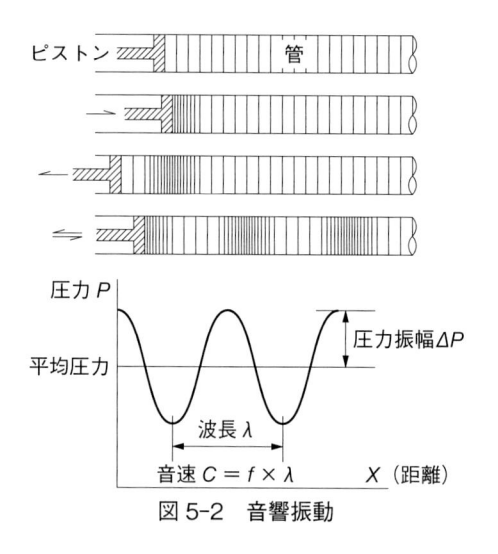

波とも言います。音響振動に横波は存在しません。

　粗密波を図で表すのに、**図 5-2** の上の図のように、粗密波で描くと、視覚的に分かりにくいので、図 5-2 の下の図のように、最も密なところを山、最も粗なところを谷、その中間を節とする正弦カーブをもって、視覚化します。

　音響振動の例は、配管内流体を伝わる圧力波、ウォータハンマ、管楽器内の空気振動、などがあります。

（3）　振動の波形に関する基本用語（図 5-1、図 5-2 参照）

平均応力（圧力）：振動する物体に常に掛かっている一定の応力（圧力）
応力（圧力）振幅：応力（圧力）波形の全幅（応力幅）の半分
振動（周波）数 f：毎秒の振動数、単位は〔Hz：ヘルツ〕
周期 T：1 波長が伝わる時間（1/振動数）　単位は〔秒〕
角振動数 ω：$2\pi/T$　毎秒の回転角度　〔rad/秒〕　　　　　　(5-1)
波長 λ：1 サイクルの波の長さ。音速 C を振動数 f で割ったもの。

$$\lambda = C/f \quad \text{〔m/s〕/〔cycle/s〕} = \text{〔m/cycle〕} \quad (5\text{-}2)$$

位相差：1つの振動に関連した複数の"波"が同一の振動数を持っており、両者が相対的に時間軸に対しずれている場合、その差をいう。1周期の分数で表す。

（4）振動の原因

振動の起こる原因としては次のようなものが考えられます（図 5-3、図 5-4 参照）。

- **自由振動**：物体を急に動かしたり、打撃を与えたとき、起こる振動をいう。そのとき、物体は最も振動しやすいモードと振動数で振動します。その振動数を自由振動数と言い、別の呼び名が固有振動数です。

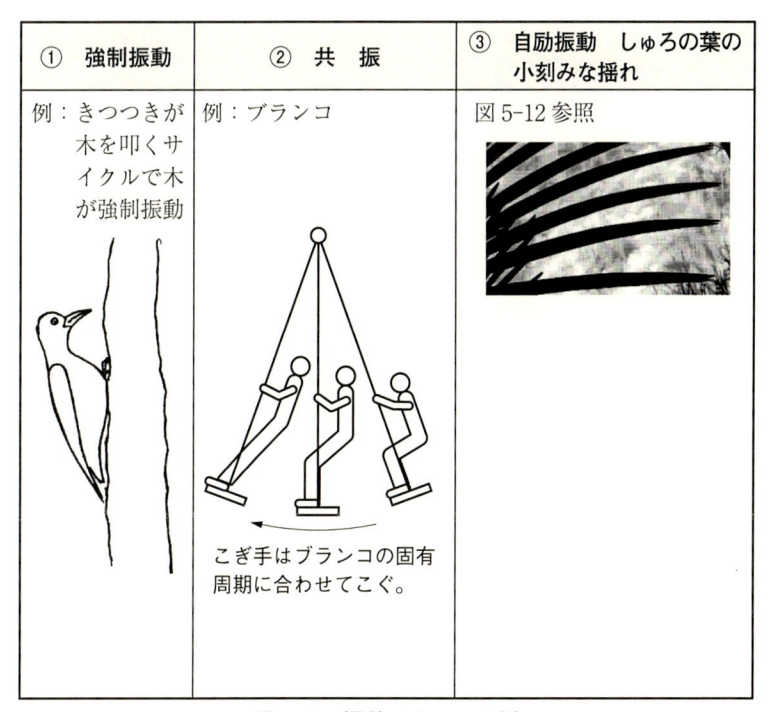

① 強制振動	② 共振	③ 自励振動　しゅろの葉の小刻みな揺れ
例：きつつきが木を叩くサイクルで木が強制振動	例：ブランコ　　こぎ手はブランコの固有周期に合わせてこぐ。	図 5-12 参照

図 5-3　振動パターンの例

強制振動	共　振	自由振動	自励振動
振幅は増幅も減衰もしない	振幅は増幅して、のち一定	振幅は減衰	振幅は増幅して、のち一定

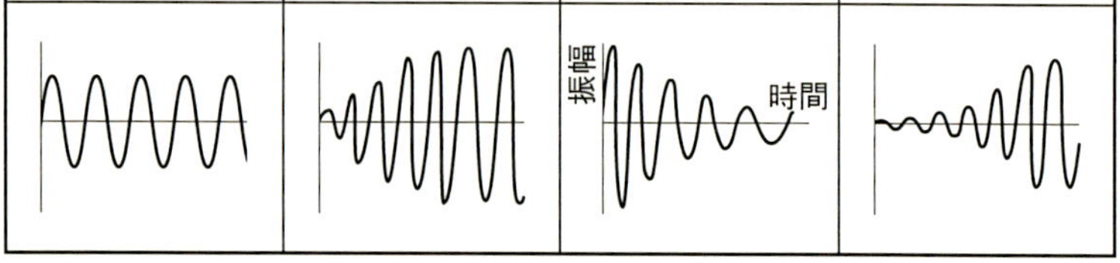

図 5-4　振動の振幅パターン

- **強制振動**：被振動体に外部から周期的な変位または力が与えられ、その物体が同じ周期で振動することをいう（図5-3①参照）。外からの刺激が止めば止む。たまたま外力の振動数とその物体の固有振動数が一致すると共振となります。
- **固有振動数**：機械振動の場合、物体がそれぞれ固有の振れやすい振動数を持っています。これが固有振動数または固有値で、自由振動数と同じです。
- **共振**：その物体の固有振動数に一致する振働数が外から与えられると、物体はその振動数で激しい振動を起こす。この現象を共振という（図5-3②参照）。回転体の場合、回転数が固有振動数と一致するとき共振します。

  音響振動の場合、空洞が、その最も圧力変動しやすい振動数の圧力変動を外部から貰うとき、その振動数で空洞が大きく圧力変動を起こします。これが音響共振です。
- **自励振動**：エネルギーを持つ流れ（例えば風）の中にある被振動体が、そのエネルギーを吸収し蓄える時期と蓄えたエネルギーを放出する時期とを交互に繰り返すメカニズム（例えば、ばね系要素）を持っていると、被振動体は、外からの振動がなくてもエネルギーの供給がある間、固有振動数で継続的に振動し、減衰させる抵抗に見合うところまで振幅を増幅させます（図5-3③参照）。

5-2 ● 振動の運動方程式をたてる

　被振動体の質量や剛性（こわさ）に関するデータがあれば、その固有振動数を計算することができます。固有振動数を求めるには、振動系の運動方程式をたてる必要があります。運動方程式は「質点の運動が変化するのは、質点に力が働くためである」というニュートンの第2法則を式に表したものです。一般に運動方程式は、

　　質量×加速度＝（運動方向の力の和）−（反対方向の力の和）

で表されます。

　以下に、簡単な例で運動方程式をたててみます（本節の例では、重力の加速度を考えないものとします）。

（1）錘のついたばねの振動

　図5-5のように、吊り下げばねの下端に錘をつけたばね系の振動の式を考えます。同図において、ばねの変位をy、ばね定数をk、ばねの変位により生じる力をFとすれば、フックの法則より、

$$F = -ky \tag{5-3}$$

（右辺が負の記号であるのは、ばねの変位の方向と力の向きが逆のためです）。

　一方、錘が受ける力Fは、錘の運動量の変化量、すなわち加速度αと

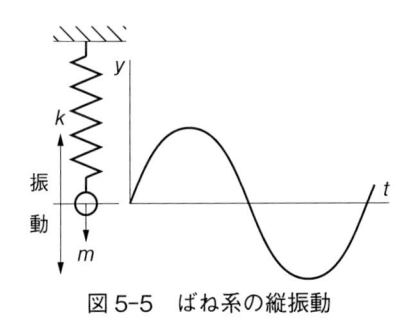

図5-5　ばね系の縦振動

質量 m の積であり、加速度は変位を2度微分すると得られますから、

$$F = m\alpha = m\frac{d^2 y}{dt^2} \tag{5-4}$$

ばねの変位により生じる力を錘が受けるのだから、式 (5-3) と式 (5-4) を等しいとして、

$$m\frac{d^2 y}{dt^2} = -ky \tag{5-5}$$

この式を運動方程式と言います。

$\dfrac{d^2 y}{dt^2} = -\dfrac{k}{m}y$ として、ここで $\omega = \sqrt{k/m}$ とおくと、

$$\frac{d^2 y}{dt^2} + \omega^2 y = 0 \tag{5-6}$$

この微分方程式の一般解は、

$$y = A\sin(\omega t + \beta) \tag{5-7}$$

ここに、A：振幅、ω：角振動数、β：初期位相

これは正弦波です。正弦波の1サイクルは 2π ですから、周期 T とすれば、$\omega T = 2\pi$　したがって、

$$T = 2\pi/\omega = 2\pi\sqrt{m/k} \tag{5-8}$$

固有振動数は、

$$f = \frac{1}{T} = \frac{\omega}{2\pi} \tag{5-9}$$

$\omega = \sqrt{k/m}$ ですから、固有振動数は被振動体の質量の増加で減り、被振動体のばね定数、すなわち剛性の増加で増えることが分かります。

（2）片持ち梁の横振動

弾性体の梁の一端を固定し、他端に錘をつけた振動を考えます。梁の自重はここでは考えません。梁の長さを l、梁の断面二次モーメントを

図 5-6　梁の横振動

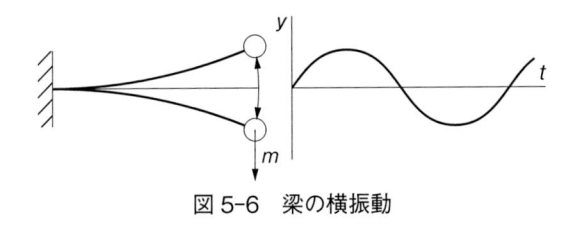

I、縦弾性係数を E とします。梁の剛性により錘に働く力 F は、錘の位置の変位を y とすると、片持ち梁の公式より、

$$F = -\frac{3EI}{l^3}y \tag{5-10}$$

一方、ばね系の振動と同じように、錘が受ける力 F は、加速度 α と質量 m の積で、変位を2度微分したものが加速度ですから、

$$F = m\alpha = m\frac{d^2y}{dt^2} \tag{5-11}$$

式（5-10）と式（5-11）が等しいとして、

$$m\frac{d^2y}{dt^2} = -\frac{3EI}{l^3}y \tag{5-12}$$

ここで $\omega = \sqrt{3EI/ml^3}$ とおくと

$$\frac{d^2y}{dt^2} + \omega^2 y = 0$$

この一般解は、$y = A\sin(\omega t + \beta)$ \tag{5-13}

これは正弦波です。周期 T と固有振動数 f は、

$$T = 2\pi/\omega = 2\pi\sqrt{ml^3/3EI} \tag{5-14}$$

$$f = \frac{1}{T} = \frac{\omega}{2\pi} = \frac{1}{2\pi}\sqrt{\frac{3EI}{ml^3}} \tag{5-15}$$

なお、本章と第7章に断面二次モーメントが登場しますが、断面二次モーメントの意味については本章5-8 (p.126) の"豆知識"参照。

（3） 減衰（ダンピング）のある振動の運動方程式

振動系に減衰がある場合、減衰が空気抵抗のように速度 dy/dt に比例し、$-\eta(dy/dt)$ である場合（抵抗は運動方向と反対に力が働くから符号は－）、運動方程式は、

$$m\frac{d^2y}{dt^2} = -\eta\frac{dy}{dt} - ky \quad 両辺を m で割り、$$

$$\frac{d^2y}{dt^2} + \gamma\frac{dy}{dt} + \omega^2 y = 0 \tag{5-16}$$

ここに、$\gamma = \eta/m$、$\omega = \sqrt{k/m}$

この式の解である振幅（波形）y の式は指数関数で与えられます。

（4） 強制振動の運動方程式

さらに、外から繰返す力が加わる強制振動の場合、外力を $F(t)$ とすると、

$$m\frac{d^2y}{dt^2} = -\eta\frac{dy}{dt} - ky + F(t) \quad 両辺を m で割り$$

$$\frac{d^2y}{dt^2} + \gamma\frac{dy}{dt} + \omega^2 y = f(t) \tag{5-17}$$

ここに、$\gamma = \eta/m$、$\omega = \sqrt{k/m}$、$f(t) = F(t)/m$

この式の解である振幅（波形）の y の式は指数関数で与えられます。

5-3 ● 機械的振動 – 梁の共振

　配管の機械的振動の固有振動数とその被振動体に振動を起こさせる外部からの振動数が一致すると、振動振幅が著しく大きくなります。これを共振といい、安全な運転をするうえで避けなければなりません。

（1）梁の共振

　配管で起こる機械的共振には、梁の曲げによる共振（比較的低周波の振動）と円筒殻共振（管の壁の共振、高周波の振動）とがありますが、ここでは梁の曲げによる共振を取り上げます。

　配管の曲げ振動は、自重、すなわち分布荷重を持った梁が長手方向に対し直角方向に振れる振動に例えることができます。配管の境界条件は、配管端部の支持方法により、両端支持（ヒンジ）、両端固定、片持ち梁の3種類に分けられます。その支持方法ごとに、共振状態における梁の振れるパターンを図5-7に示します。図に見るように、最もシンプルで最も波長の長い一次モードの他に、二次、三次、——の固有振動モードが存在します。一般に低次の固有振動数が現れやすいが、条件により必ずしもそうとは限りません。

　連続する配管をサポート点で切り離したと仮定すれば、独立した梁に例えることができます。配管のサポートの仕方により端部の支持条件が

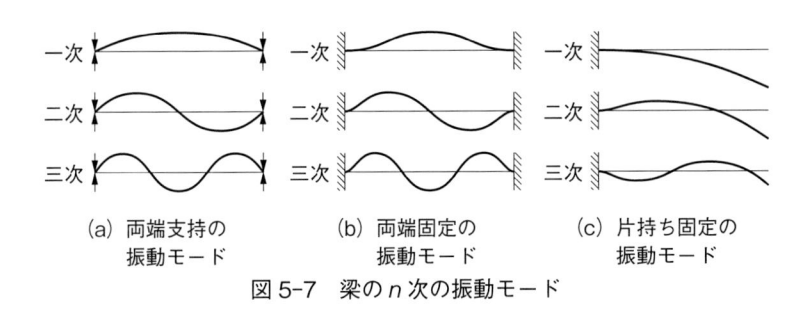

(a) 両端支持の振動モード　　(b) 両端固定の振動モード　　(c) 片持ち固定の振動モード

図5-7　梁の n 次の振動モード

変わりますが、いずれにしてもその条件は、両端支持（ヒンジ）と両端固定の間にあるものと考えられます。

n 次の固有振動数の計算式は式 (5-18) で与えられ、両端の支持の仕方と振動モードの次数により、α_n が変わります。

$$f_n = \frac{1}{2\pi}\left(\frac{\alpha_n}{L}\right)^2 \sqrt{\frac{E \cdot I}{\rho \cdot A}} \qquad (5\text{-}18)$$

ここに、f_n：n 次の固有振動数〔Hz〕
n：次数　1、2、3、…
L：サポート間配管長さ〔m〕
E：縦弾性係数〔Pa〕
I：断面二次モーメント〔m^4〕
A：管壁の断面積〔m^2〕
ρ：密度〔kg/m^3〕
α_n：n 次のときの係数で、支持条件で下記のように変わります。

α_n は以下のとおりです。

両端支持の n 次の固有振動数：$\alpha_n = n\pi$
両端固定の n 次の固有振動数：$\alpha_1 = 4.730$、$\alpha_2 = 7.853$、$\alpha_3 = 10.996$、…
片持ち固定の n 次の固有振動数：$\alpha_1 = 1.875$、$\alpha_2 = 4.694$、$\alpha_3 = 7.855$、…

（2）　変位応答曲線

外部から変化する、規則的な周期の成分を持った振動を被振動体が受けると、被振動体の固有振動数のところで共振します。被振動体の振動を横軸に振動数、縦軸に振幅をとって示した曲線を変位応答曲線といい、共振点がピークとして示されます（図 5-8）。

（3）　不規則振動との共振

外部から、不規則な振動を受ける被振動体は、固有振動数に近い振動を受けたとき共振しますが、同じ振動数が続かないので共振状態は一時

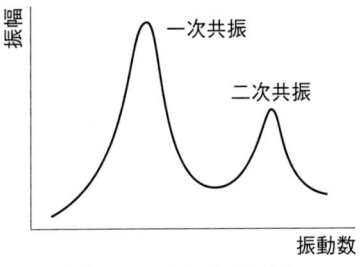

図 5-8　変位応答曲線

的なものとなり、共振と非共振を繰り返す過渡的な状況が続きます。この現象は図5-9（a）のような流れにおいて現れることがあります。

> **豆知識**
>
> **船が起こす波の反射**
>
> 　船が起こす波が岸壁にぶつかると、壁にぶつけたボールがはねかえるのと同じ要領で波は反射します。本書が扱おうとしている圧力波（5-5参照）は、船が起こす波のような表面波とは異なりますが、その反射の仕方は正弦波の圧力波が管の閉止端で反射する要領と同じです。

5-4 ● 機械的振動 – 流体関連振動

配管の振動では、流れに起因する振動が非常に多い。このような流れに関連した振動を「流体関連振動」と呼びます。

主な流体関連振動の種類、起こるメカニズム、などにつき説明します。

（1） 強制振動

管内の流れの流量変動、あるいは、スラグ流、プラグ流、フロス流などの液体と気体が混合して流れる二相流による運動量の小刻みな変動、圧力脈動、絞り弁下流の流れの乱れ、など運動量や圧力の変化を励振力として起こる振動で、励振力がなくなれば振動は止みます。

振動の起きるメカニズムは次のとおりです。ベンドに生じる励振力を**図 5-9**に示します。

流量変動の場合〔図 5-9 (a)〕、ベンドを流体が曲がるとき、遠心力が働きます。質量流量の変動幅を ΔW〔kg/s〕、流速を V〔m/s〕、ベンド角度を θ とすると、遠心力の大きさは、$F = 2\Delta W \cdot V \sin(\theta/2)$〔N〕。

また、均質流で圧力脈動のように圧力が変動する場合〔図 5-9 (b)〕、圧力変動幅を ΔP〔N/m²〕、管内断面積を A〔m²〕、ベンド角度を θ とすると、曲り部に生じる推力の変動幅は、

$$F = 2\Delta P \cdot A \sin(\theta/2) \text{〔N〕}$$

(a) 流動変動　液体と気体の質量差（運動量の差）で振動の場合

(b) 圧力変動

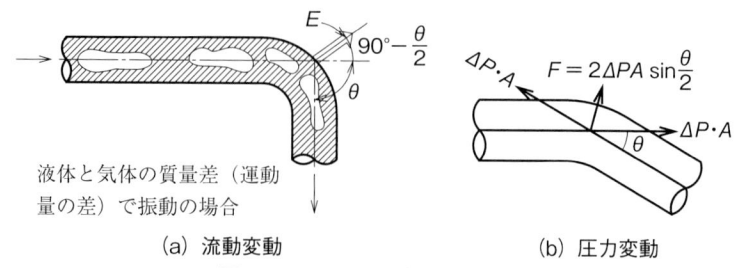

図 5-9　ベンドに生じる励振力

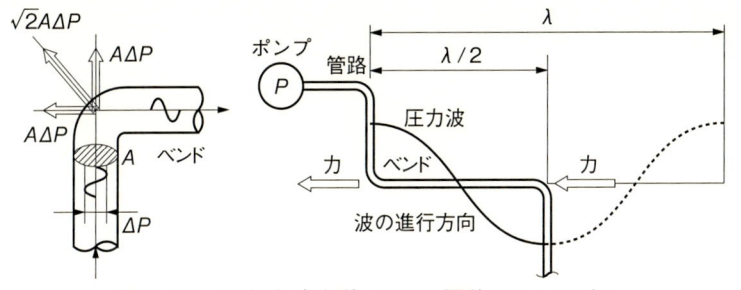

図 5-10　圧力波（脈動）による振動のメカニズム

ΔP が変動すれば、管軸線より $90° - \theta/2$ の方向に、力 F が変動し、励振力が発生します。

　例えば、ポンプやコンプレッサの圧力脈動で配管振動が起こるメカニズムは、**図 5-10** のように管の中を圧力波が伝わるとき、曲がり部で圧力の変化が推力の変化になり、それが励振力となって管を揺するためです。圧力波の半波長 $\lambda/2$ と、隣り合うエルボ間の距離 L が、図 5-10 の右のように等しいときは、双方のエルボに同方向の力が同時に働き、振動が大きくなります。なお、この振動は圧力波で起こる振動ではありますが、音響共振と異なるものです。対策としては、脈動をできるだけ小さくすること、またベンドの曲げ半径をできりだけ大きくすれば、推力の発生箇所を分散できるので、多少効果があると思われます。

（2）　渦励起振動

　流れと流れの中の被振動体との相互作用で、規則正しく発生する渦（流速が変わると周期が変わる）により励起される振動数が、被振動体の固有振動数と合致するとき共振を起こします。この場合の対策は励起振動数と被振動体の固有振動数を離調させます。

　渦励起振動は流れと被振動体自身には振動要素がありませんが、双方の相互作用で振動が起きます。したがって自励振動の仲間ですが、流速と渦振動数の間に相関関係があるため、ほかの自励振動のように初めから固有振動数で振れるのではなく、被振動体の固有値と渦の振動数が一

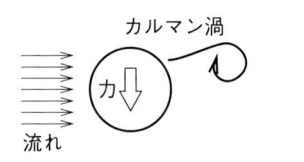

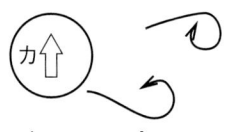

図 5-11　カルマン渦による励振力

致したときのみ共振します。一致しないときは強制振動となります。
〔事　例〕　カルマン渦による温度計ウェルの振動
　振動の起こるメカニズムを図 5-11 に示します。

（3）　自励振動

　自励振動の起こる原因について、5-1（4）で簡単にのべましたが、抽象的な説明であったので、ここでは、簡単な例をあげ、その起こるメカニズムを説明します。なお、自励振動は系の固有振動数を選択して振動するので、対策は固有振動数を変えるのではなく、ダンピング（減衰）や剛性を付加することが効果的です。

〔事　例〕　流体が中をとおるベローズの振動、流体が外側をとおるチューブ群の振動、全開バタフライ弁のフラッター（ばたつき）、隙間流れ、微開の弁の振動、流れの中の航空機の翼、など。

自励振動の例：空気流により翼に起きるフラッタ

　翼は図 5-12 の下の図のように、翼の上下方向のばね力は①と③で、また翼ねじりのばね力は②と④の位置で最も蓄えられています。翼が、正の迎角で、ねじりのばね力を最も蓄えている②の位置にあるとします。翼は正の揚力により翼端は上方へ動き、それにつれてねじれのばね力は減少して迎角を減らしますが、翼の慣性により③に達します。③では翼のねじれ力はなくなり、翼の慣性で負の迎角をとり、負の揚力による下向きの力と、最大になった下向きばね力によって翼端は下方向へ動きだします。④の位置で翼のねじれは最大となり、それによる負の揚力、及び翼の慣性によって翼端は④から①へ向かい、①で翼のねじれ力が再び

図 5-12

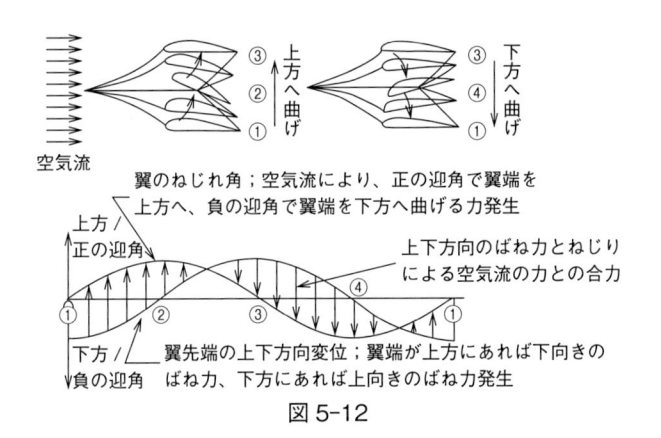

なくなり、翼の慣性で正の迎角に戻り、正の揚力による上向きの力と最大となった上向きのばね力で②へ戻ります。

片状の棕櫚の葉がピロピロピロと風に揺れるのも自励振動によるものと考えられます。

（4） 流体関連振動の流速と振幅の関係

流体関連振動で、流速が次第に増えるときの振幅の変化を示したのが図 5-13 です。強制振動は、質量流量変化が原因の場合、流速増加とともに、運動量が増加し励振力が増え、振動が比例して大きくなります。

渦励起振動の場合は、流速により渦の発生周期が変わり、被振動体の固有振動数と一致したとき、共振し激しく振動するので、振幅はある流速のところでピーク的に増加します。自励振動は、初めから固有振動数で振れるので、流速とともに急速に振幅が増大します。

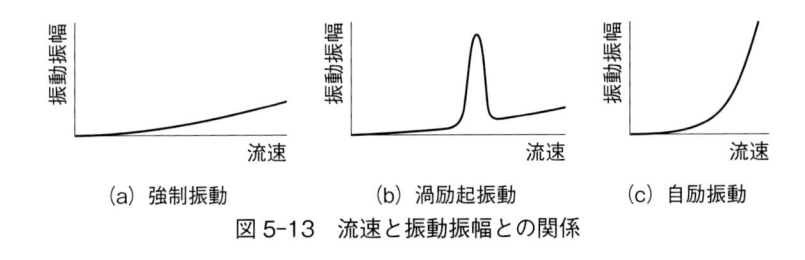

(a) 強制振動　(b) 渦励起振動　(c) 自励振動

図 5-13　流速と振動振幅との関係

5-5 ● 音響的共振

（1） 圧力波の圧力変動と変位変動

圧力波は5-1（2）で説明したように、縦波であり、管路の1点を捉えると、圧力変動と同時に、流体粒子が膨張、圧縮の変位変動をしています。管の閉止端では流体粒子の変位が拘束されるので、変位0、圧力変動は最大となります。また、管の開放端では拘束がないので圧力変動は0、変位が最大となります。圧力変動の場合も、変位変動の場合も、変動0のところは節となり、変動最大のところは腹となりますが、**図5-14**に見るように変位振動モード図と圧力振動モード図は互いに90°位相がずれます。したがって、圧力波の振動モード図を示すとき、あるいは読むときは、いずれのモード図であるかを示したり、確認する必要があります。本書では振動モード図は圧力変動の振幅を示します。

（2） 圧力波の伝播と反射

圧力波は管内の媒体を伝わってゆき、管の他端において反射する性質があります。管の一端から入った圧力波の進行波は他端が開口されていても、閉鎖されていても、必ず反射して反射波となります。しかし、反射の仕方が開口端と閉止端で異なります。

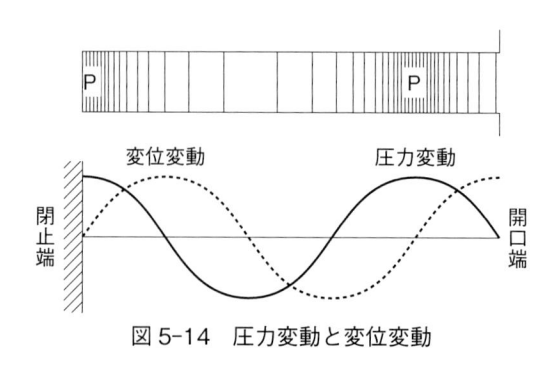

図5-14　圧力変動と変位変動

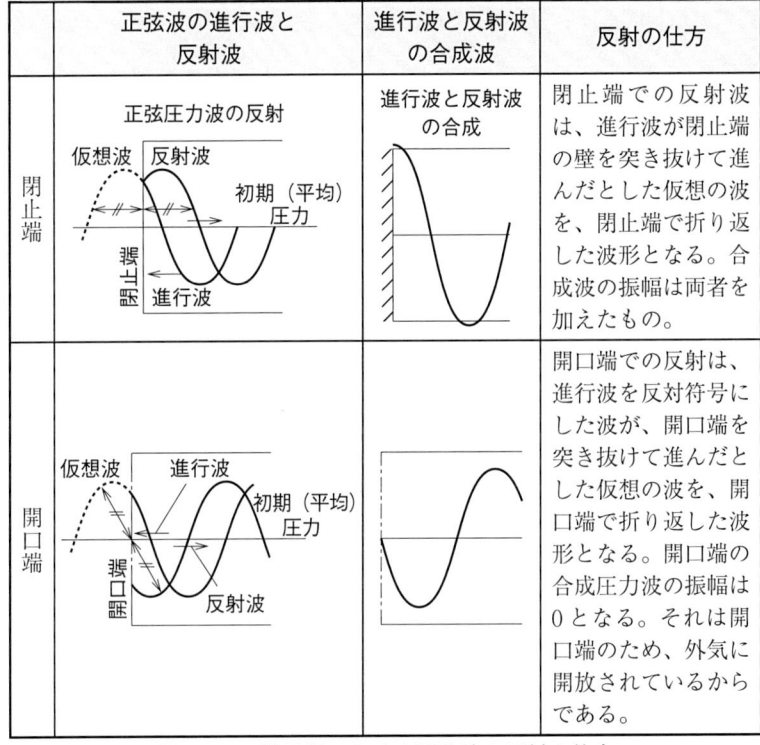

正弦波の進行波と反射波	進行波と反射波の合成波	反射の仕方
閉止端 　正弦圧力波の反射（仮想波・反射波・進行波・初期（平均）圧力）	進行波と反射波の合成	閉止端での反射波は、進行波が閉止端の壁を突き抜けて進んだとした仮想の波を、閉止端で折り返した波形となる。合成波の振幅は両者を加えたもの。
開口端 　（仮想波・進行波・反射波・初期（平均）圧力）		開口端での反射は、進行波を反対符号にした波が、開口端を突き抜けて進んだとした仮想の波を、開口端で折り返した波形となる。開口端の合成圧力波の振幅は0となる。それは開口端のため、外気に開放されているからである。

図 5-15　管端部における正弦波の反射の仕方

　図 5-15 に、正弦圧力波の開口端と閉止端における反射の仕方、および進行波と反射波を合成した波形を示します。図で見るように、正弦波の場合、閉止端に入った波はその形のまま跳ね返り、開口端に入った波は符号を逆にして跳ね返ります。

（3）　定在波の形成と音響的共振

　反射波は管の端部に達する度に反射し、もしも減衰という事象がなければいつまでも反射を繰り返します。実際は振動のエネルギーが減衰し、何回目かの反射の後、影響力をなくします。これら反射波の位相がみなずれている場合、反射波の合成波は平均化されるので、元の進行波の振

$$L_e = \frac{7}{8}\lambda$$

1回目の反射波
進行波
閉止端　　　　　　　　　　　　　　　閉止端
2回目の反射波　　3回目の反射波
→ 往路　復路 ←

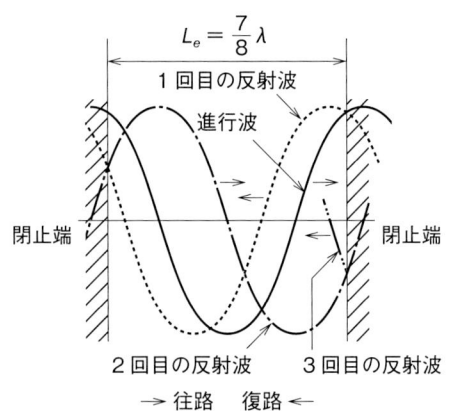

図 5-16　合成波が定在波を作らない場合

幅を超えるような合成波になることは考えにくい。

図 5-16 は、管長さ L_e と振動波の波長 λ の関係が $L_e = (7/8)\lambda$ で、両側が閉止端の場合ですが、図で見るように、進行波が左端を発し、管路を伝播して右端部で反射して生じる1回目の反射波、その反射波が左端部に達して反射する2回目の反射波、その反射波がまた右端に達して反射する3回目の反射波……、最初の進行波と、すべての反射波はみな位相が異なっており、これらを合成すると、互いに山を削り谷を埋め合うので、その合成波は顕著な山谷のある波形を形成しません。また、合成波のピークの位置も定位置に来ることはありません。

次に、**図 5-17** において、管両端が閉止端で、$L_e = \lambda$ の場合を考えて見ましょう。

進行波が左端を発し、右端に達して最初の反射をし、反射波となって復路を戻り、左端でまた反射します。この2回目の反射波（符号③）は進行波（①）と同じ位相となって、往路を右へ向かいます。右端で反射した3回目の反射波（④）は最初の反射波（②）と同じ位相になり、復路を左へ進む。このようにして、管路を往復する圧力波のモードは、往路と復路のそれぞれ1種類しかありません。そして往路と復路の波を合成すると、山谷の位置の動かない1つの波、**定在波**ができます。

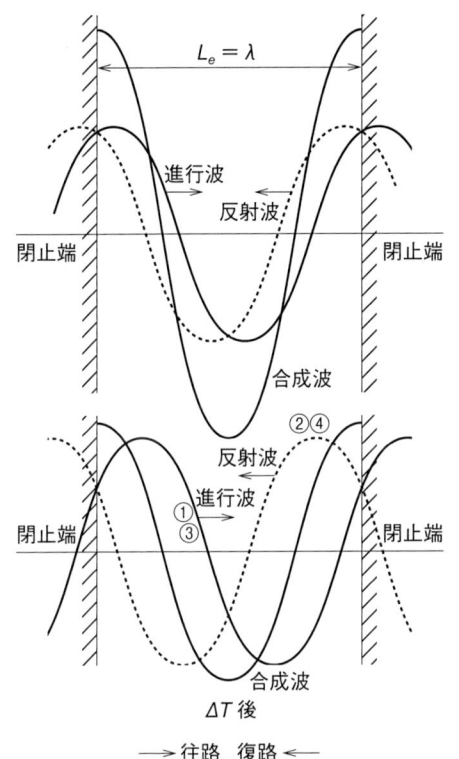

図中ラベル: $L_e = \lambda$、進行波、反射波、閉止端、閉止端、合成波、②④、反射波、進行波、①③、閉止端、閉止端、合成波、ΔT 後、→往路 復路←

図 5-17 合成波が定在波を作る場合

　この定在波は圧力波の移動に伴い、振幅だけが変化します。**図 5-18** は上の図の定在波の時間経過に伴う振幅の変化を示しています。これが音響的共振の波の姿です。

　管長と波長がどのような関係になると、定在波ができ、音響的共振が起こるかについては、次項で述べます。

（4） 定在波ができる条件と音響固有振動数

　今まで見てきたことから、音響的共振をする定在波は、管長と波長が次のような関係になるとできることがわかります。**図 5-19** は、定在波ができる最もシンプルな場合を示しています。すなわち、閉止端を発し

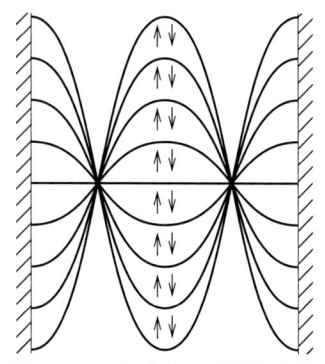

図 5-18 合成波の時間的変化

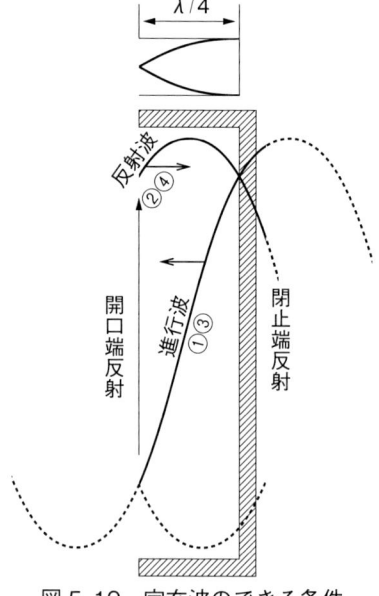

図 5-19 定在波のできる条件

た進行波①が開口端で反射して反射波②となります。閉止端に戻った②が閉止端で反射した波③が、そのとき閉止端を発する進行波①と同じ位相のとき、定在波ができます。

このような条件を満足すると、③の反射波④は反射波②と同じ位相と

なり、以後、管路には2つの位相の波しか存在せず、その合成波は定在波となります。図5-19は閉止端－開口端で、管長 $L_e=\lambda/4$ の管路ですが、これは、定在波のできる条件を満たしています。

圧力波の波長 λ と管の音響的長さ L_e（5-5（5）の②参照）の間に次の関係があるとき、上記条件を満たす管路となり、定在波ができます。音響的相当長さは5-5（5）参照。

$$\lambda = \frac{2L_e}{\alpha_n} \qquad (5\text{-}19)$$

ただし、α_n は下記。

① 一端が開口、一端が閉止の場合

$$\alpha_n = n - \frac{1}{2} = \frac{1}{2},\ \frac{3}{2},\ \frac{5}{2} \cdots$$

② 両端が開口または両端が閉止の場合

$$\alpha_n = n = 1,\ 2,\ 3,\ \cdots$$

n 次の音響固有振動数 f_{an} は、式（5-2）と式（5-19）より得られます。

$$f_{an} = \frac{\alpha_n \cdot C}{2L_e} \qquad (5\text{-}20)$$

ここに、f_{an}：n 次の音響固有振動数〔Hz〕
　　　　α_n：n 次の係数、上記①、②による。
　　　　n：固有振動の次数　1、2、3、…
　　　　L_e：配管の相当長さ〔m〕
　　　　C：流体の音速〔m/s〕

〔注〕式（5-20）で使用する音速の計算式は「機械工学便覧 α4-59、109 各頁　2007年版　(社)日本機械学会　参照

境界条件別の低次の定在波モードを**図 5-20** に示します。

（5）　管の開口端／閉止端の区別と音響的相当長さ L_e

L_e の長さは下記とします。

開口端　　　　閉止端	開口端　　　　開口端	閉止端　　　　閉止端

一次モード　　　　　一次モード　　　　　一次モード

二次モード　　　　　二次モード　　　　　二次モード

三次モード　　　　　三次モード　　　　　三次モード

(a) 開口端-閉止端の　　(b) 両端開口の　　　(c) 両端閉止の
　　振動モード　　　　　　振動モード　　　　　　振動モード

図 5-20　境界条件別の定在波モード

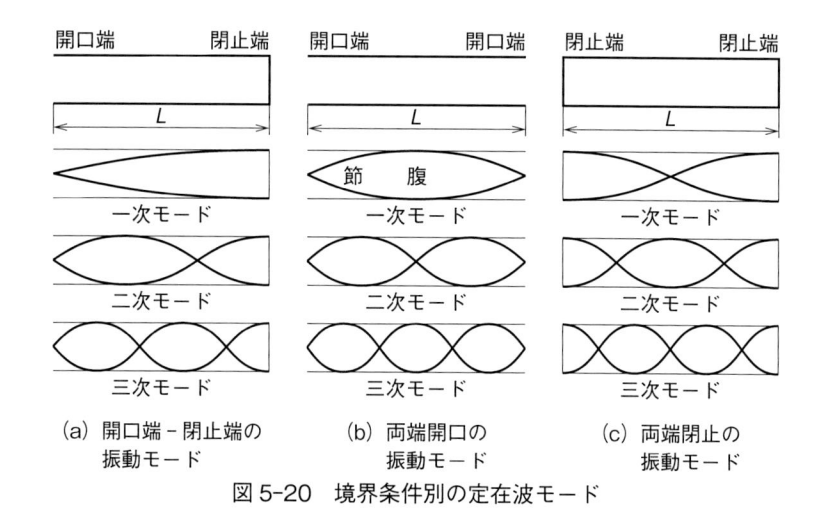

① **開口と閉止の区別の目安**

閉止端は、キャップ、閉止フランジのほかに、ポート部が著しく絞られている玉形弁やオリフィスなども入る。

開口端は大気や貯槽への開口部、接続先が当該管の2倍以上の径を有する管の場合など。

② **管の音響的相当長さ L_e**

配管の音響的相当長さ L_e は、配管実長を次のように修正します。

両端開口の場合：$L_e = L + 1.2d$

片端開、片端閉の場合；$L_e = L + 0.6d$

両端閉止の場合：$L_e = L$

ここに、L：配管実長、d：管内半径

5-6 ウォータハンマ

(1) ウォータハンマとは

ウォータハンマは水撃とも言い、流体の急激な運動量の変化により生じるステップ状の圧力波が管内流体中を音速で伝わる現象。原因としては次のようなことです。

- 動いている流体が急停止または急減速する場合：弁の急閉、速度のある流体が全閉の弁に衝突する、など
- 管中の空間がつぶれて、両側の水柱が衝突する場合：ポンプ停止による水柱分離後の再結合、ボイド凝縮ハンマ、など
  〔注〕 ボイドとは、液中のフラッシュにより発生した液中の気体部分のことをいう。

(2) ウォータハンマにより発生する力

速度を持った水柱がものに衝突するときの力、水撃力を求める式は、ニュートンの運動量の法則より式（5-21）を得ます。

$$水撃力\ F = W \times \Delta V \tag{5-21}$$

ここに、W：流速が変化する流体の質量流量〔kg/s〕、ΔV：変化した流速の差〔m/s〕

弁急閉により、弁直前の流速 V が変わり、圧力が変化するとき、その圧力波が音速 C で上流へ伝わる。すなわち、1秒間に流速変化する流体の質量 W は、流体の密度：ρ〔kg/m³〕、流路断面積：A〔m²〕として

$$W = \rho A C$$

です。流速 V が0になったとすれば、変化した流速の差 ΔV は、

$$\Delta V = V - 0 = V$$

です。結局式（5-21）は、

$$F = \rho A C V \tag{5-22}$$

となります。

一方、圧力上昇が物体に及ぼす力 F は、

$$F = A\Delta P \tag{5-23}$$

ここに、ΔP：発生する圧力波の大きさ〔kg/m・s^2〕、

ΔP を水頭で表すには、流体の密度を ρ、重力加速度を g、上昇した圧力の水頭を ΔH として、

$$\Delta P = \rho g \Delta H$$

したがって、式（5-23）は、

$$F = A\rho g \Delta H \tag{5-24}$$

式（5-22）と式（5-24）から、

$$A\rho g \Delta H = \rho A C V$$

$$\therefore \Delta H = CV/g \tag{5-25}$$

この式（5-25）は Jowkosky の式と呼ばれ、流速が急激に変化した場合の圧力上昇を求める式です。

ウォータハンマで発生する力は非常に大きく、ウォータハンマが起こると、配管や接続する機器をしばしば破壊させます。

例えば、流速 3 m の流体が垂直の壁に連続的に当たり、方向を変えることにより壁に及ぼす力と、流速 3 m/s の管内流体が全閉の弁にぶつかり瞬時に流速 0 になった場合の壁に生じる水撃力とを比較すると、**図 5-21** のようになります。ウォータハンマの破壊力の大きいことが分かるでしょう。

（3） 種々のウォータハンマ

どのようなウォータハンマが起こり得るか、代表的なものにつき説明します。

① ポンプ停止によるウォータハンマ

ポンプを急停止すると、ポンプ吐出側では、ポンプ吐出口に近い流速は急低下するが、管の先の方では、流体の前進する慣性力により、ポンプ運転中の速度を保とうとするので、その上流に負の圧力が生じます。ポンプ揚程の低下によりその圧力はさらに低下します。

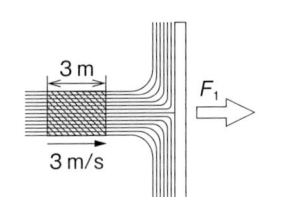

管路口径：1 m、流速 3 m/s
水中の音速 1400 m/s、
水の密度：1000 kg/m³

$F_1 = W \cdot V = A \cdot \rho \cdot V^2$
7.0×10^3 〔N〕= 7.9 〔kN〕

$F_2 = W \cdot V = A \cdot \rho \cdot C \cdot V$
3.3×10^6 〔N〕= 3.3 × 10³ 〔kN〕

F_2 は F_1 の 470 倍。これは音速と流速の比。
図 5-21　流れの方向転換とウォータハンマにより起こる力の差

　ポンプ吸込側では逆に、ポンプ停止によりポンプ入口の流体が減速するため、吸込管上流の流体の慣性力により圧力が上昇し、正の圧力波が発生します。
　ポンプ吐出の負の圧力波も、ポンプ吸込の正の圧力波も吸込、吐出の2つの水槽に達すると反射し、反射波を生じます。そして圧力波はポンプ内を通過します。進行波とすべての反射波を加えたものが、合成された圧力波となります。
　合成された圧力波が管路の流体の蒸気圧以下になると、フラッシュし、水柱分離を引き起こします。分離後できた空間の負圧により水柱は引き戻され、再結合します。再結合時の衝突で大きな圧力上昇が現れます。
　図 5-22 はポンプ電源喪失後の管路のある位置の圧力変動の概念を示します。この場合、水柱分離は行われていません。

② **ポンプ起動によるウォータハンマ**
　ポンプ付近のポンプ吐出管を空の状態でポンプを起動すると、水が勢いよく空間の管路を突進して、逆止弁や止め弁などに衝突、水撃が発生します（図 5-23）。
　比較的小口径の管であれば、音と衝撃程度で済みますが、大口径の管の場合は質量流量が大きいので運動量が大きく、衝撃により装置を壊す

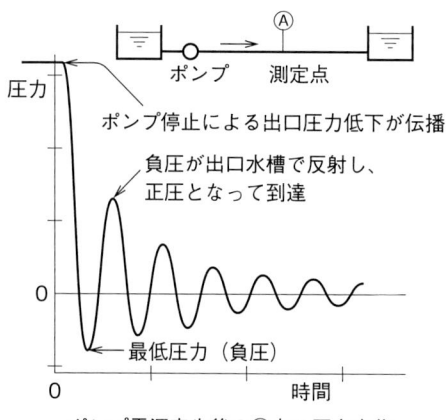

図 5-22　ポンプ停止による水撃

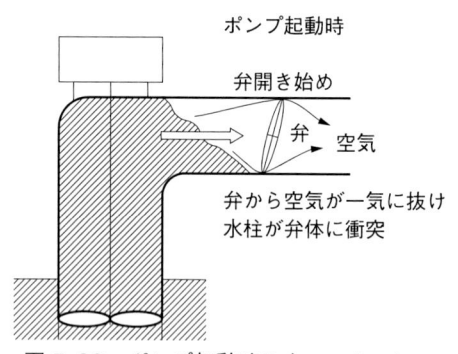

図 5-23　ポンプ起動時のウォータハンマ

ことがあります。

　防止対策としては、ポンプ起動時に吐出部に空間をつくらないことが必要です。そのため、

　　（イ）　配管ルート、弁位置の検討
　　（ロ）　ポンプ吐出部への水張り装置の設置
　　（ハ）　主管の弁は閉鎖し、小口径のエアベントより放出される空気流
　　　　　量以上の水が空洞部に流入しないようにしてポンプ起動

などの対策があります。

③ **凝縮によるハンマ**

復水（ドレン）に囲まれた蒸気ポケットが冷やされ、凝縮することにより、ポケットが潰れ、ハンマを起こします。そのステップは次のように考えられます（**図 5-24**）

（イ）　蒸気と飽和水や飽和温度より若干低い温度の水（サブクール水）が共存。放熱により、蒸気が冷やされ凝縮。狭まった空間を埋めるため、蒸気の流れ込みが起き、波ができます

（ロ）　波により蒸気ポケットが形成され、蒸気ポケットが凝縮により一気に消滅

（ハ）　ドレンとドレンが衝突し、ハンマ発生

次のような条件のもとでは凝縮ハンマが起きやすくなります。

（イ）　水平管（多少の勾配管を含む）において、流体が飽和水か多少飽和温度より下がった水（サブクール水）があって、

（ロ）　過渡的に、流体の温度が下がったり（飽和蒸気を冷却、凝縮させる）、圧力が下がったり（飽和蒸気を発生させる）する運転がある場合。あるいはⒶの部分から、より温度の低い流体が流入する可能性がある場合

④ **蒸気流によるウォータハンマ**（スチームハンマとも言う）

蒸気配管にドレンポケットがあって、ドレンが滞留しているところへ、

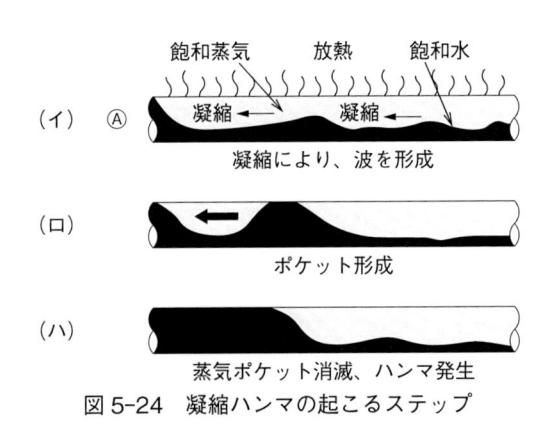

（イ）　Ⓐ　飽和蒸気　放熱　飽和水
　　　　　　凝縮←　　凝縮←
　　　　凝縮により、波を形成

（ロ）　ポケット形成

（ハ）　蒸気ポケット消滅、ハンマ発生

図 5-24　凝縮ハンマの起こるステップ

弁の急開（例えば、安全弁）により、高速で蒸気が流入すると、ドレンは蒸気により捕獲され、かき集められ、密度の大きなドレンが蒸気流速で下流のエルボや弁などに衝突し、音や衝撃を発生する（図5-25参照）。

対策としては、

(イ)　ドレンポケットを設けない。ドレンが滞留しない配管（フリードレンという）とするため勾配をつける

(ロ)　止むを得ずドレンポケットやドレンが滞留するところが避けられない場合は、常時ドレンを排出できるよう、ドレン抜き、トラップ、ドレン弁を設け、さらに自動ドレン排出弁の設置を検討する

(ハ)　ドレン抜きはドレンを集めやすいよう径の大きい、いわゆるドレンポット形式とする

(ニ)　安全弁放出管のドレン抜きは弁を設けず、人が行かない場所へ排出する

などがあります。

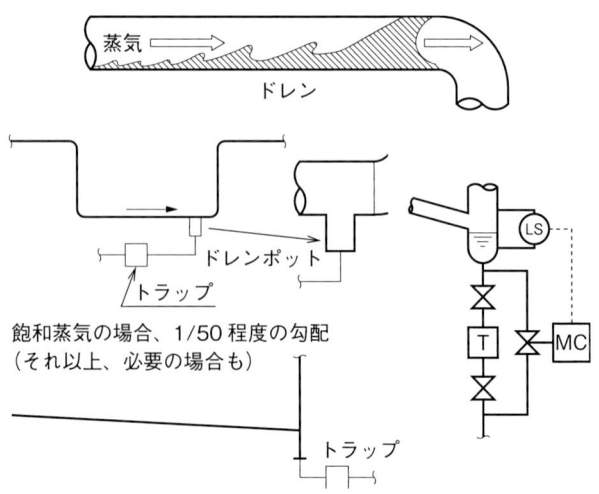

図5-25　蒸気流によるウォータハンマとその対策

5-7 ● 配管の耐震設計

　地震の揺れに対する配管とサポートの強度計算の方法には、静的解析法（震度法ともいう）および動的解析法があります。

　地震は大地の揺れであり、揺れをもたらす地震波は波であるから、加速度をもっています。物体に加速度が加わるとそこに力が生じます。配管は地上配管の場合、空中を走りますが、配管が接続する機器のノズルや配管を支持している配管サポートは、建屋に固定されており、建屋は大地の上に立っているので、配管は機器ノズルや支持点で加速度を受け、それにより配管が加速度を受けます。

　静的解析では配管は剛体として、全長にわたり、同じ加速度を受けるものとします（**図 5-26**）。設計に使う地震加速度を重力加速度で割ったものを設計震度といいます。配管の設置高さにより、割り増しした設計震度を使う場合があります。ここでは、**静的解析法**について説明します。

　配管が地震で受ける荷重は機器ノズルやサポートにかかります。その荷重 F は、

$$F = 配管重量 \times (設計地震加速度 / 重力加速度) = 配管重量 \times 設計震度$$

　ここで配管重量は、平静時に当該サポートが支えている配管重量です。水平方向は直交する x 軸、z 軸両方向、別々に設計震度がかかるとしま

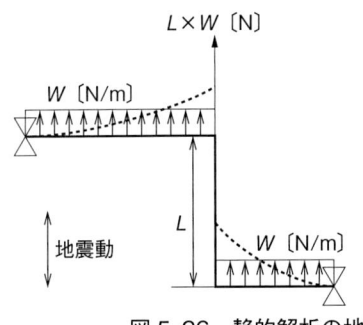

ここに W は地震加速度による分布荷重で、配管 1 m 当たりの重さに設計震度を掛けたものである

図 5-26　静的解析の地震荷重

す。垂直 y 方向の震度は考慮しない場合もありますが、考慮する場合は、水平方向の半分程度にすることが多い。

配管の耐震に関する規定としては、石油化学プラントの設備に対しては、「高圧ガス設備に関する耐震設計基準」（通商産業省）、火力発電プラントの設備に対しては、「火力発電所の耐震設計規定」（日本電気協会）、原子力発電所の設備に対しては、「発電用原子力設備に関する構造等の技術基準（告示 501 号）」などがあります。

静的解析法の場合、配管に生じる応力は、「火力発電所の耐震設計規定」では、ASME B 31.1 に準拠した式で評価します。すなわち、

$$S_L = \frac{PD_0}{4t_n} + \frac{1000(0.75 \cdot i)M_A}{Z} \leq 1.0 S_h$$

$$S_L = \frac{PD_0}{4t_n} + \frac{1000(0.75 \cdot i)M_A}{Z} + \frac{1000(0.75 \cdot i)M_B}{Z} \leq k S_h$$

相対変位による応力を考慮する場合、次式を満足すること。
（地震では、相対変位による損傷が多いと言われます）

$$S_E = \frac{iM_C}{Z} \leq S_A + f(S_h - S_L)$$

ここに、S_L：内圧、管重量など、持続した荷重により発生する応力値〔N/mm^2〕
S_E：熱膨張および地震相対変位による応力範囲〔N/mm^2〕
P：設計圧力〔MPa〕
D_0：管外径〔mm〕
t_n：管厚さ〔mm〕
M_A：管重量、その他によるモーメントの合成値〔N·m〕
M_B：地震および安全弁吹出し反力などによるモーメントの合成値〔N·m〕
M_C：熱膨張および地震相対変位量によるモーメント〔N·m〕
Z：管の断面係数〔mm^3〕
i：応力集中係数

S_h:材料の常温における許容引張応力値〔N/mm²〕
S_c:材料の設計温度における許容引張応力値〔N/mm²〕
k:1.2(地震による力が作用する時間が総運転時間の 1 % 以内の場合)
S_A:許容応力範囲 = $f(1.25S_c + 0.25S_h)$
f:応力範囲係数。ここでは 1.0 とする

また、「高圧ガス設備に関する耐震設計基準」の**簡易耐震性能評価法**では各部応力を許容応力以内とする代わりに、以下の評価を行う。

(イ) 許容サポートスパン:地震時に配管の揺れが過大にならないよう、サポート間隔を管サイズごとに定めるスパン以下とします。サポートにおける拘束の有無は x、y、z の 3 方向あるので、各方向ごとに評価します。

(ロ) 相対変位吸収のための最小サポートスパン:高い塔や架台など周囲と相対変位の大きくなる部分に固定されている配管は、別の箇所からサポートを取っているとその相対変位により配管やサポートが損傷するので、両固定間のフレキシビリティを確保するため、最小固定距離 L を守ります。最小固定間距離は管サイズが大きくなると大きくなります。

　例えば、**図 5-27** のような場合は、塔の揺れによる塔のノズルと配管の最初のサポート間の相対変位が L_1 では短すぎて相対変位を配管のフレキシビリティで吸収できず配管の破断に至るので、L_2 程度の距離を必要とするでしょう。

(ハ) 許容スパン長(隣り合う同方向拘束レストレイント間の配管展開長さ):管サイズで決まる許容スパン長以下とします。ただし、サポート点に直結する配管部分が、当該地震動の方向と平行な場合は、当該部分の長さを差し引くことができます。

例えば**図 5-28** のような配管の A、B 間の x 方向の配管スパン長は、L_1 は A 点の x 方向拘束のレストレイントに直接拘束されているので除外することができます。したがって、求める配管スパン長は、$L_2 + L_3 + L_4$ となります。

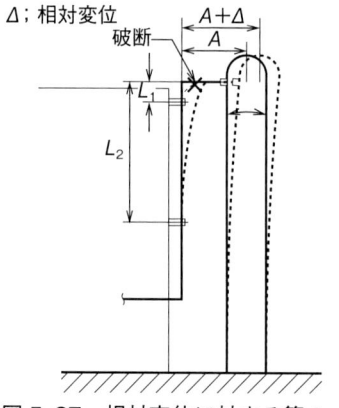

図 5-27　相対変位に対する第 1 サポートまでの距離

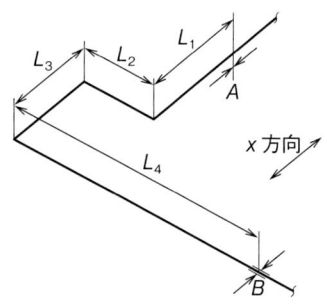

図 5-28　x 方向の配管スパン長の算出

豆知識
断面二次モーメントをイメージする

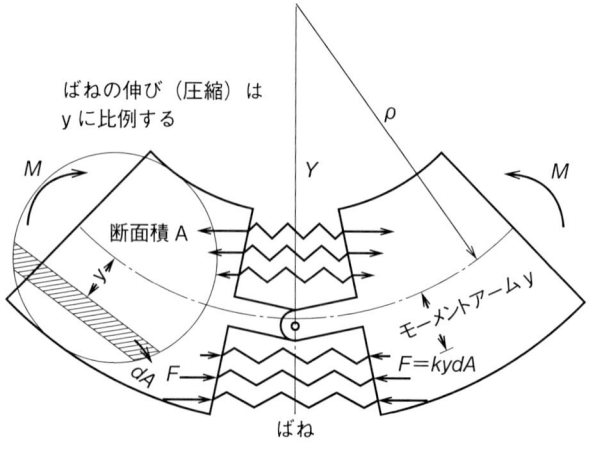

外力の曲げモーメント M に対抗するもの

$$= \int_A \{ばねの力(F=kydA) \times モーメントアーム y\} = k\int_A y^2 \, dA$$

$\int_A y^2 \, dA$ を断面二次モーメントという。なお、$k = \dfrac{E}{\rho}$

図 5-29　断面二次モーメントのイメージ化

第6章

配管の腐食と防食

　腐食は、振動による疲労破壊と並んで、配管で起こる最も多いトラブルの1つです。

　配管の腐食は電気化学的要因によるものが多いのですが、その代表格であるガルバニック腐食は、腐食速度が他の腐食に比べて速いのが特徴で、その発生の防止に注意を払う必要があります。

　本章では、配管装置で起こる主な腐食形態の発生メカニズム、電気防食の原理などを学びます。

6-1 ● 配管の腐食・防食の基本

（1） 電気化学的腐食のメカニズム

腐食の起こるメカニズムには電気化学的な要因と物理力学的な要因があるが、多くは電気化学的要因により、少数のものが電気化学と物理力学の複合要因、または物理力学的単独要因によります。ここでは、電気化学的な腐食のメカニズムを**図 6-1** により説明します。

金属材料の表面は、同一材料であっても、組織や冶金学的に均一でないため、水溶液中で電気化学的にアノード部とカソード部が形成されます（アノード、カソードについては、**表 6-1** 参照）。図 6-1 は例えば、図の右側が電解溶液（例えば海水）、左側が鉄で、中央の直線が海水に接する鉄の表面を示しています。

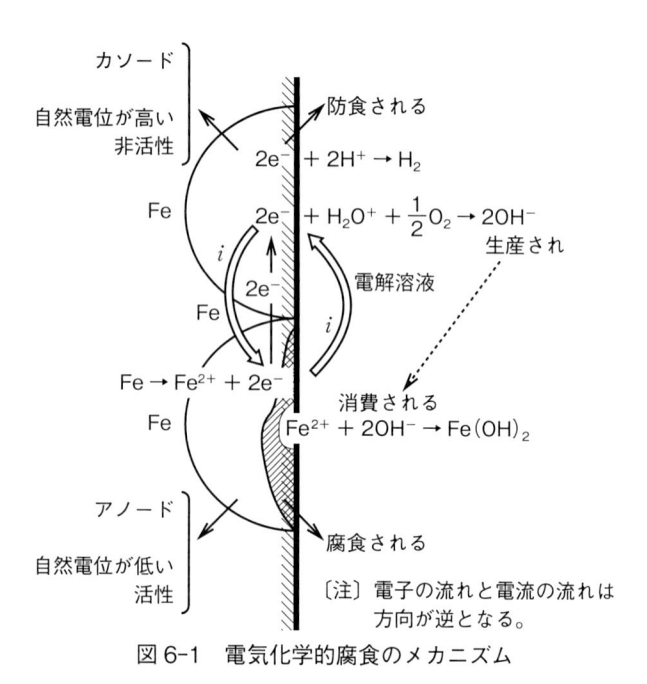

```
カソード                    防食される
自然電位が高い
非活性           2e⁻ + 2H⁺ → H₂
    Fe
                 2e⁻ + H₂O⁺ + ½O₂ → 2OH⁻
      i                              生産され
    2e⁻           電解溶液
    Fe                 i

Fe → Fe²⁺ + 2e⁻          消費される
    Fe           Fe²⁺ + 2OH⁻ → Fe(OH)₂

アノード                   腐食される
自然電位が低い   〔注〕電子の流れと電流の流れは
活性                  方向が逆となる。
```

カソード
　自然電位が高い
　非活性

$2e^- + 2H^+ \rightarrow H_2$

$2e^- + H_2O^+ + \frac{1}{2}O_2 \rightarrow 2OH^-$

$Fe \rightarrow Fe^{2+} + 2e^-$

$Fe^{2+} + 2OH^- \rightarrow Fe(OH)_2$

アノード
　自然電位が低い
　活性

〔注〕電子の流れと電流の流れは方向が逆となる。

図 6-1　電気化学的腐食のメカニズム

アノード部がカソード部との電気化学作用によって腐食されてゆく過程を説明します。

① アノード部（図6-1の左下）は、より低い自然電位になるところで、イオン化しやすい（卑の部分ともいう）性質があり、Feは電子を失ってFe^{2+}イオンとなり水中に溶出します。これが酸化で、鉄は腐食されます。これをアノード反応と言います。

$$Fe \rightarrow Fe^{2+} + 2e^- \tag{6-1}$$

② アノードに残された電子$2e^-$はカソード（図の左上）に移動し、Feの表面で溶液中の溶存酸素に与えられ、水酸化イオン$2OH^-$となります。

$$H_2O + \frac{1}{2}O_2 + 2e^- \rightarrow 2OH^- \tag{6-2}$$

溶液中に溶存酸素のない場合は、カソードにおいて、電子$2e^-$は水素イオン$2H^+$に与えられ水素H_2を発生します。

$$2H^+ + 2e^- \rightarrow H_2 \tag{6-3}$$

> **用語解説**
>
> **酸化と還元、酸性とアルカリ、卑の金属・貴の金属など**
>
> **酸化**：金属が酸素と結合すること、または電子を失うこと。"さびる"、"燃える"は酸化と同意語。
> 酸化の例：$Fe \rightarrow Fe^{2+} + \boxed{2e^-}$
>
> **還元**：電子を与えること。金属自体は変化しない。還元の例：
> $Fe^{2+} + \boxed{2e^-} \rightarrow Fe$
>
> **酸性**：pH（ペーハ）7より小さいものをいう。さびやすい性質。
>
> **アルカリ**：pH7より大きいものをいう。さびにくい性質。
>
> **卑の金属**：イオン化傾向の大きな金属。＋イオンになりやすい金属で、O^{2-}やOH^-イオンとすぐ結合し、酸化物が生成される。それが腐食である。
>
> **貴の金属**：イオン化傾向の小さな金属。腐食されにくい金属。

表6-1 アノードとカソードの定義と特徴

		アノード	カソード
アノード、カソードの定義		電子が溶液から移行する電極（電流が電極から流出）	電子が溶液中へ移行する電極（電流が電極から流入）
電流の向き	外部回路	より流入	へ流出
	溶液中	へ流出	より流入
電子の流れの向き	外部回路	へ流出	より流入
	溶液中	より流入	へ流出
イオン化傾向（一般的に）		卑（反応しやすい）	貴（反応し難い）
自然電位（一般的に）		低い	高い
そこで何が行われる		腐食される	防食される
		酸化作用	還元作用
〔注〕日本では、アノードを陽極、カソードを陰極と書いた本もありますが、アノードを電気分解では陽極、電池では負極（陰極）と呼び（カソードはその逆）、紛らわしいので、本書では、慣用語になってしまったものを除き、陽極、陰極の用語を使わない。			

これらが還元で、鉄自身は変化をしない、すなわち、防食されます（貴の部分という）。この反応をカソード反応と言います。

③ 式 (6-1) で生じた水中の Fe^{2+} イオンと式 (6-2) で生じた $2OH^-$ イオンは結合して、腐食生成物 $Fe(OH)_2$ となります。

$$Fe^{2+} + 2OH^- \rightarrow Fe(OH)_2 \qquad (6\text{-}4)$$

さらに、溶存酸素があれば、次式により赤さび $Fe(OH)_3$ に変化します。

$$Fe(OH)_2 + (1/2)H_2O + (1/4)O_2 \rightarrow Fe(OH)_3 \qquad (6\text{-}5)$$

図6-1のように、同じ材質、同じ環境下の腐食の場合は、アノードとカソードの自然電位の差は僅かであり、環境の僅かな変化で常にアノードとカソードの入れ替わりが行われるため、均一腐食、あるいは全面腐食の状態となります。

一方、海水のような電解溶液中に自然電位の異なる2種類の金属があ

って、それらの金属が電気的につながっている場合、卑なる（自然電位の低い）金属がアノード、貴なる（自然電位の高い）金属がカソードとなり、アノードは腐食され、カソードは防食されます。ガルバニック腐食がその代表的なものですが、腐食形態につけられた名前が異なっていても、このメカニズムによる腐食は多いです。

> **豆知識**
>
> ### ガルバニック腐食の語源―ガルバーニとボルタ―
>
> 　ルイージ ガルバーニは、1771年に、死んだ蛙の筋肉に電気火花を当てると筋肉がけいれんすることを発見しました。さらに、1780年、蛙の解剖をする際に、種類の異なる金属でできた切断用と固定用の2つのメスを蛙の足に差し入れると、筋肉が震えるのを発見し、蛙の足の中に電気が起こるのを見つけました。ガルバーニのこの発見は、以後の電気に関する発見の口火となりました。彼は蛙を使って金属の接触のみで痙攣が起こること、金属の種類、組み合わせによって、痙攣の強さが異なることなどを確認し、「蛙の身体自身が電気を発生していて、それを金属で接続することで放電して痙攣が生ずる」と結論づけ、これを「動物電気」と名付けました。
>
> 　一方、同時代のアレッサンドロ・ボルタはガルバーニの「動物電気」を物理現象と捉え、電流は2つの異なる金属であるメスを蛙の足を通して触れ合わせることにより発生したと考えました。両者で論争が起こり、1800年にボルタがボルタ電池を発明することにより、ボルタの説が正しいことが証明されました。ガルバーニとボルタは意見は違っていましたが互いに尊敬しあっており、ボルタは化学反応で発生した電気をgalvanism（ガルバニ電気、または直流電気）と名付けました。これがガルバニック腐食の語源です。（http://www.kaeruclub.jp/report/galvani/tav3.jpg http://www.kaeruclub.jp/report/galvani/tav4.jpg）

第6章●配管の腐食と防食

6-2 ● 異種金属間のガルバニック腐食

　電解液である海水中に自然電位の異なる2種の金属、例えば鉄（海水中の自然電位：−450 mV〜−650 mV）とチタン（海水中の自然電位：−50 mV〜+50 mV）があって、外部回路で電気的につながっている場合、自然電位の低い鉄がアノード、自然電位の高いチタンはカソードであり続けます。

　アノードとカソードが固定化されると、アノードとなる鉄は常に腐食され、局部腐食の様相を呈します。この現象をガルバニック腐食と言います。

　カソードのチタンはアノードにより防食されます。

　そのメカニズムは**図 6-1**と同じです。

　アノードとカソード間の電位差が大きいほど腐食は速く進み、またアノード面積がカソード面積に比べ、狭いほど深い腐食が進みます。

　これらの金属の電位は各金属を海水中に浸し、同じく海水に浸した飽

表 6-2　金属の組合せで何が起こるか（電位列との関係で見る）

自然電位〔mV〕	金属	組合せ	起こる事象
−1030	亜鉛（犠牲陽極）		亜鉛犠牲陽極による炭素鋼の電気防食
−610	炭素鋼		
−530	304 ステンレス鋼（活性状態）		
−280	90-10 キュプロニッケル		ステンレスの孔食、隙間腐食
−150	チタン（工業用）		チタンによる炭素鋼のガルバニック腐食
−80	304 ステンレス鋼（不働態）		ステンレスによる炭素鋼のガルバニック腐食

図 6-2 ガルバニック腐食の例

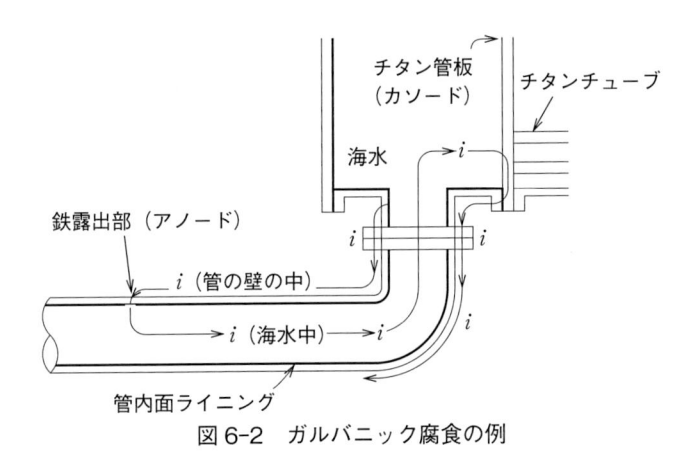

和カロメル電極の電位を基準とし、それからの差で示します。

表6-2は腐食に関係のある金属の自然電位の序列と金属の組合せにより起こる事象をまとめたものです。

図6-2は海水管の内面ライニングが剥離し海水に露出した鉄と海水管に接続する熱交換器のチタンとの間で起こるガルバニック腐食の模式図で、露出した鉄の部分が局部腐食を受けます。チタンチューブと露出した鉄の部分は外部回路、すなわち、水室の壁、フランジ、管壁を介して電気的につながっています。鉄とチタンの大きな電位差により、海水に露出した鉄のアノードより流れ出る電流（このとき、腐食作用が起こる）は海水を通って、チタンのカソードへ達し、その電流は外部回路を形成する管の壁を通ってアノードへ戻ります。

鉄とチタンの電位差が大きいほど、鉄の露出面積がチタンの面積に比べ小さいほど、露出した鉄がチタンに距離的に近いほど、露出した鉄は激しい腐食を受けます。

図6-3は、図6-2のガルバニック腐食を電池に置き換えて、そのメカニズムを説明したものであり、両図をつき合せ、対応づけて見てほしい。

また、図6-1の電気化学的腐食も、ガルバニック腐食と同じ原理なので、図6-3と対応づけて見てください。

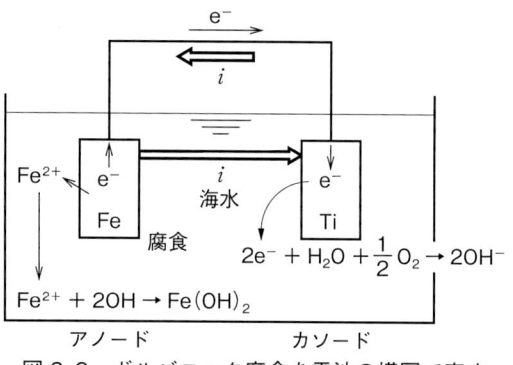

図6-3 ガルバニック腐食を電池の構図で表す

豆知識

ガルバニック腐食と分極

ガルバニック腐食は、専門的には分極と呼ばれる現象を使って説明されます。

電解液(例えば海水)中の自然電位の異なる金属が外部回路でつながっているとき、アノードから溶液中に電流が流出すると、卑の方にあるアノードの電位は貴なる方(+の方向)へ、また、溶液中からカソードへ電流が流入すると、貴の方にあるカソードの電位は卑なる方(-の方向)へ変化します。この現象を「分極」または「分極する」と言います。両者の電位差は縮小してゆき、電解液に電気抵抗がなければ、アノードとカソードの電位が等しくなるところで平衡状態に達し、そのとき流れる電流はアノードにとって腐食電流であり、カソードにとって防食電流となります。実際は電解液に抵抗があるので、アノードとカソードはある電位差で平衡状態に達します。

6-3 ● 電気防食の原理

電気防食には流電陽極（アノード）方式と外部電源方式とがあります。

流電陽極方式は、亜鉛やアルミニウムのような自然電位の低い、活性の高い金属を犠牲陽極に使います。犠牲陽極は鉄やステンレスに代わって消耗し、鉄やステンレスは防食されます。

電気防食のメカニズムは、図6-1の電気化学的腐食におけるアノード（腐食される側）に亜鉛またはアルミを置き、カソード（防食される側）に鉄を置いたものです。

図6-4は電気防食の模式図を示します。犠牲陽極である亜鉛をアノード、亜鉛より自然電位の高い鉄の露出部とチタン（図では省略されている）がカソードとなり、海水中をアノードからカソードへ電流が流れ、カソードである鉄の露出部は防食される、カソードに流入した電流は管壁（鉄）を通って、アノードへ帰ります。外部電源方式は電極から電解液中に電流を流し、その電流が被防食体に流入し、防食されるものです。

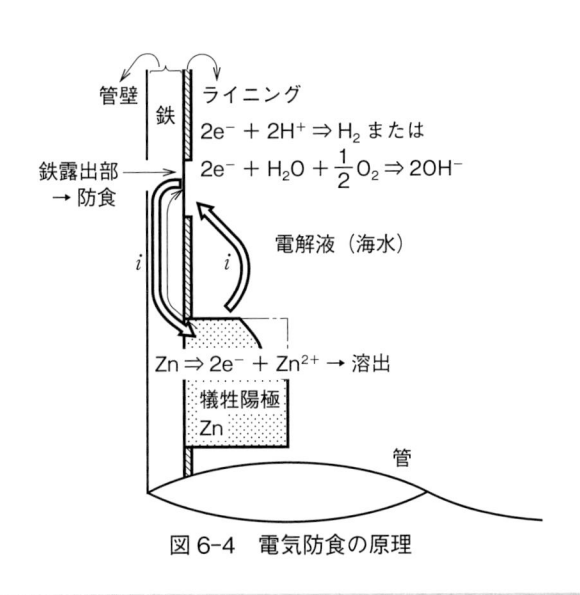

```
管壁  ライニング
 鉄   2e⁻ + 2H⁺ ⇒ H₂ または
鉄露出部  2e⁻ + H₂O + ½O₂ ⇒ 2OH⁻
→防食
         電解液（海水）
  i   i

     Zn ⇒ 2e⁻ + Zn²⁺ → 溶出
     犠牲陽極
       Zn
                    管
```

図6-4　電気防食の原理

図6-4を電池の構図を借りて表すと、**図6-5**のようになります。

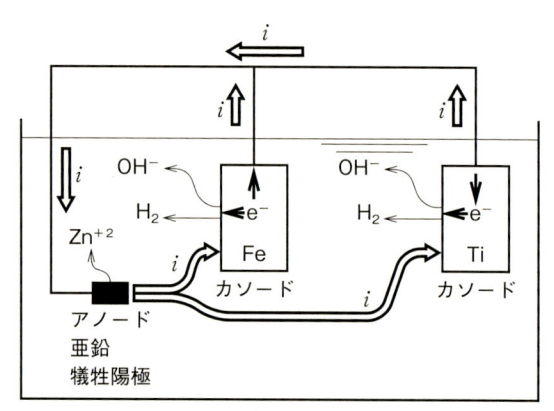

図6-5　電気防食を電池の構図で表す

豆知識

チタンの水素脆化(ぜい)

　近年、海水を使った熱交換器のチューブや管板によく使われるようになったチタンは自然電位が−150mmV程度で、鉄の自然電位、−610mmVとの電位差が大きく、鉄のガルバニック腐食を最も引き起こしやすい金属の1つです。そのため、チタンの近くに被覆された鉄がある場合、被覆の損耗への考慮が大切です。

　チタンは電気防食の影響で電位が下がりすぎると、チタンに流入した電流により発生する水素を吸収し、水素脆化を起こします。水素吸収を起こさせないためには、−600mmVより＋側にしておく必要があります。一方、鉄が完全防食されるためには、鉄を−770mmVより−側にする必要があります。すなわち、鉄を防食し、チタンの水素脆化を防ぐには、チタン電位≧−600mmV、鉄電位≦−770mmVを同時に満足する位置に防食電極の位置を決める必要があります（特に外部電源方式の場合）。

6-4 ● 電気絶縁

ガルバニック腐食を防ぐ方法として、理論的には、カソードからアノードへ電流が流れないように、電気の外部導通路を絶てば、電解溶液中をアノードからカソードへ流れる腐食電流もなくなるので、ガルバニック腐食を防止できます（図6-6）。

電気の外部導通路を絶つ方法は、管にあっては絶縁フランジを使いますが、電気の導通路となる管にはサポートや計装品などがあり、それらを通じて、導通してしまう（コンクリ内の鉄筋がサポートのアンカと接触することがある）ことがあり、完全に絶縁することはかなり難かしい。

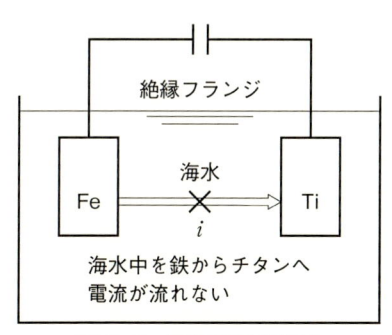

図6-6　電気絶縁の原理

6-5 ● 配管における代表的な腐食

　配管における腐食の原因として、電気化学的要因と物理力学的要因とがあり、それらが単独、または複合して腐食は進む。

　配管で起こる腐食の要因を**表6-3**に簡単に示します。

　上記腐食のうち、ガルバニック腐食、酸素濃淡電池腐食、隙間腐食、孔食については、6-3節で述べた電気防食により防ぐことができます。

　上記腐食のうちより、配管の代表的な腐食について、そのメカニズムを説明します。

(1) FAC (Flow Accelerated Corrosion)

　流速が腐食に深く関わっている腐食形態で、かつては「エロージョンコロージョン」と呼ばれていたが、最近はFAC(流れ加速型腐食)と呼ばれるようになった。2004年8月、美浜原子力発電所で起きた復水管の墳破事故はこのFACによるものであった。

　FACのメカニズムは次のとおりです。コロージョン（一般腐食）でできた一次皮膜（Fe_3O_4）は多孔性で、保護性に乏しく、地鉄から第一鉄イオン（Fe^{2+}）が溶出する。流速が5～数10 m/sと比較的速い場合は、Fe^{2+}が一次皮膜に定着できず、流体により持ち去られてしまう。そのため、保護皮膜は形成されず、地鉄からFe^{2+}の溶出が続き、腐食が進行してゆく（**図6-7**参照）。

　FACは一般の腐食に比べ、腐食速度がかなり速いので注意を要する。

　FACが起こる流れの条件が幾つかある。

- 腐食速度（単位面積当たりの腐食量）はほぼ流速に比例する（**図6-8**参照）
- 温度は120℃～250℃で腐食が活発で、150℃～200℃あたりで腐食速度が最大となる（**図6-9**参照）
- 蒸気の場合、湿り度が増えると腐食速度が増える（**図6-10**参照）

表 6-3　配管で起こる腐食の要因

主要因	腐食の種類	特徴、起こる場所、など
電気化学的	均一腐食	全面腐食ともいう。通常見られるさび。
	ガルバニック腐食	腐食速度が極めて速い。
	酸素濃淡電池腐食	酸素が欠乏した部分が腐食。さびこぶ、海洋生物の下。
	隙間腐食	酸素濃淡電池と同じ。フランジ当り面、軸シール部。
	孔食	深い孔状の腐食。流体が海水のSUS管。
	粒界腐食	SUS材の溶接熱影響部の結晶粒界における炭化クロム析出に伴うクローム欠乏症による。
	選択腐食	ある金属部分が選択的に腐食される。
	高温腐食	高温のガスにより起こる腐食の総称。
	露点腐食	結露により表面に着く水分または酸が腐食を起こす。
電気化学的＋物理力学的	応力腐食割れ	材料、環境、応力、の三つの条件が揃うと起こる。
	水素脆化	材料に侵入した水素、または発生した水素が原因。
	アルカリ脆化	カ性アルカリの存在下で起こる応力腐食割れの一種。
	FAC	流速、温度、湿り度、pH、などのある条件下で起こる。
物理力学的	キャビテーションエロージョン	キャビテーションによって生じた気泡が潰れるとき発生する衝撃波により起こる。
	液滴エロージョン	高速の液滴がメタルを叩いて減肉させる。

第6章　配管の腐食と防食

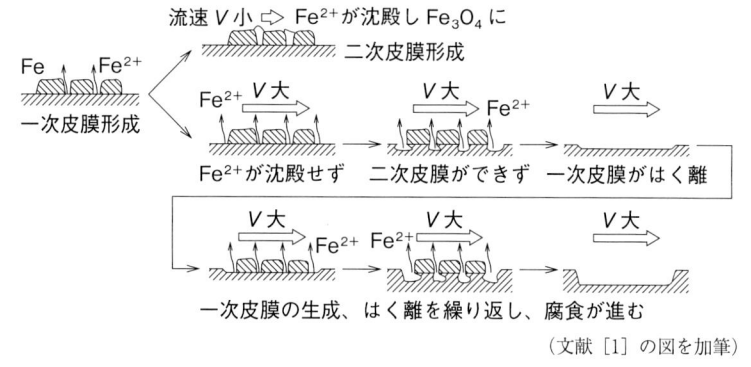

図 6-7　FAC のメカニズム

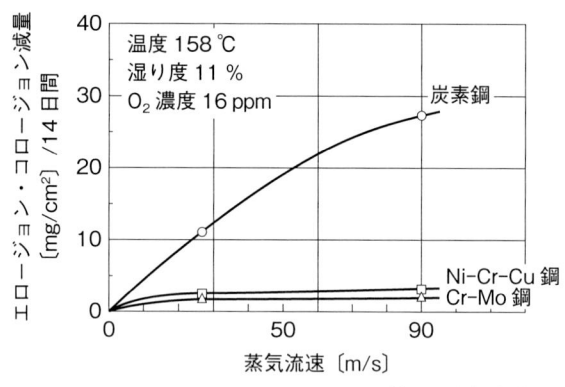

（文献［1］の図を加筆）

図 6-8　FAC と蒸気流速の関係

（出典：文献［1］）

- pH9 以上で腐食速度が減り、9.6 以上で激減する
- 流れが乱れたり、ぶつかる流路、例えばエルボやティーで局部的に腐食が進む

　防止策としては、合金成分 Cr が 1.25 〜 1.5 ％あると、FAC を防止できるので、STPA23（Cr：1.25 ％、Mo：0.25 ％）、STPA24（Cr：2.25 ％、Mo：1 ％）、やステンレス鋼（Cr：18 ％、Ni：8 ％）が有効です。

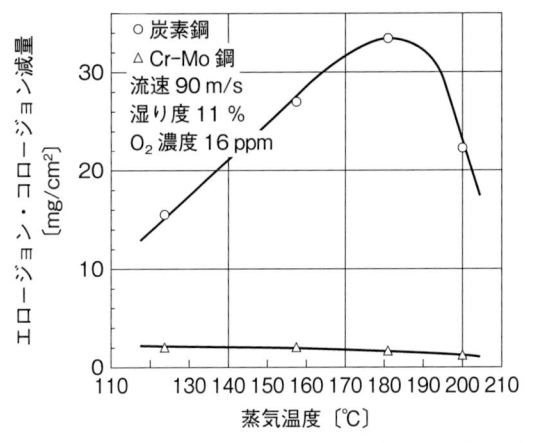

(出典：文献 [1])

図 6-9　FAC と温度の関係

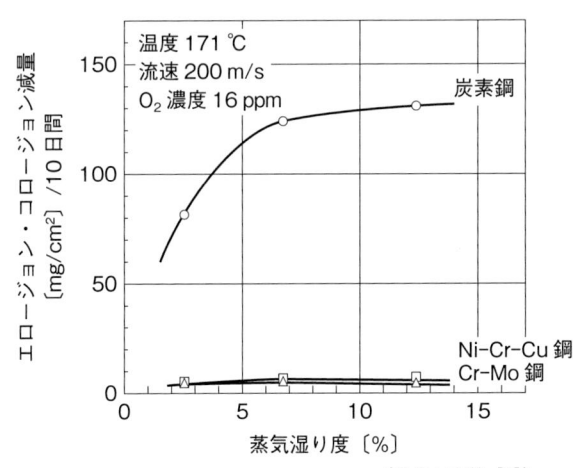

(出典：文献 [1])

図 6-10　FAS と蒸気湿り度の関係

キャビテーション・エロージョン	液滴衝撃エロージョン
弁やオリフィスなどの絞り部で、急激に圧力が流体の飽和蒸気圧力以下まで低下すると、蒸気の気泡を発生し、絞りの下流で圧力が回復したとき、気泡が崩壊。そのとき発生する衝撃波が内壁の金属を壊食させる。本現象はキャビテーション係数によりある程度予測できる。低合金鋼やステンレス鋼でも発生する。	高速蒸気流中の液滴が配管内表面に衝突して壊食（エロージョン）を起こす現象。流速が速いため、液滴の運動エネルギーが大きく、低合金鋼やステンレス鋼でも発生する。発生しやすい条件としては、①液滴の存在（二相流、フラッシング）、②高流速（絞りの下流、負圧の機器につながる配管）、③流れの方向が変わる箇所（液滴は慣性力で直進し、エルボ壁等に衝突する）、などがある。

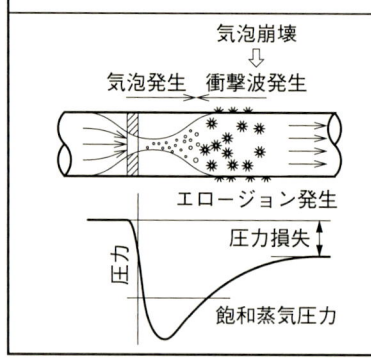

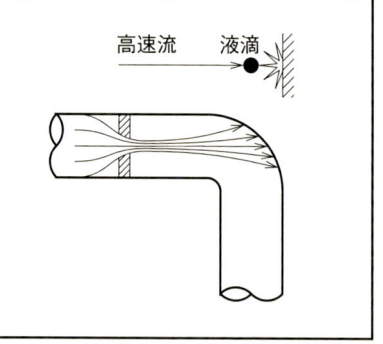

図6-11　物理力学的要因による潰食

（2）　物理力学的要因による潰食

物理力学的要因による潰食であるキャビテーション・エロージョンと液滴衝撃エロージョンの発生メカニズムを図6-11に示す。

（3）　電気化学的原因による腐食

電気化学的原因による腐食である孔食と隙間腐食（または通気差腐食）の発生メカニズムを図6-12に示す。

孔 食	隙間腐食、または通気差腐食
海水ラインの、金属表面に不働態皮膜を作るオーステナイトステンレス鋼で発生する。不働態皮膜は環境に塩素イオンがあると損傷しやすくなり、露出したピンホール状のステンレス鋼（活性）と不働態皮膜の間に電位差が生じる（表6-2）。皮膜のない穴の部分がアノードとなり腐食されるが、穴の面積は皮膜の面積より小さいので、アノードの腐食電流密度が高くなり、腐食速度は一層速くなる。 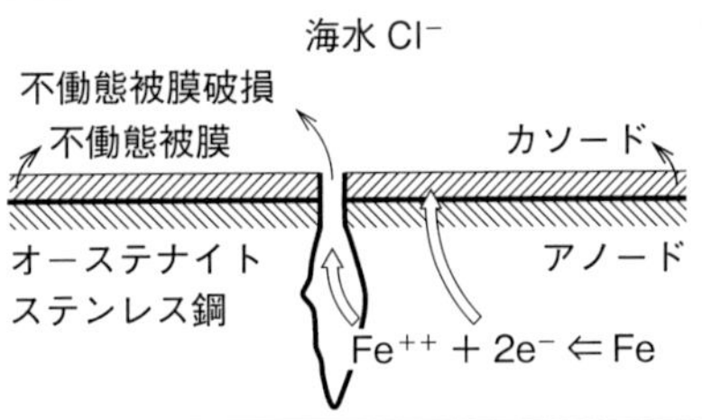	隙間腐食はさびや貝殻の付着部、フランジのガスケット当り面、軸シールのパッキン摺動面、ボルト・ナットの締付け部、などの隙間で起こる腐食である。酸素が供給されにくい隙間の部分の金属がアノード、外部の酸素豊富な溶液に接する部分がカソードとなって、腐食電流が流れ、腐食する。 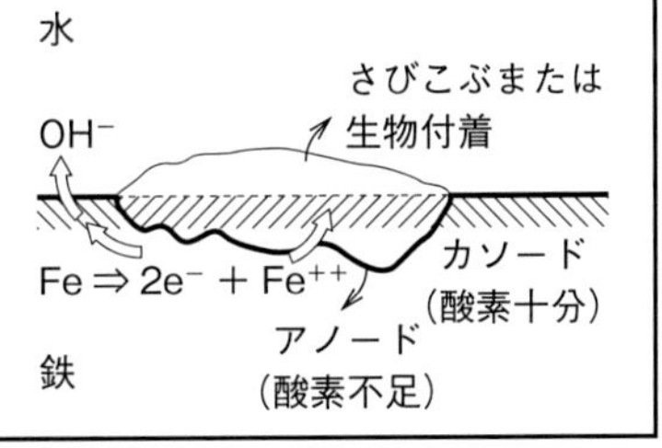

図6-12 電気化学的腐食

（4） 応力腐食割れ

　電気化学と物理力学的な複合要因で起こる応力腐食割れの発生メカニズムを**図6-13**に示す。

材料、応力、環境が3つともある条件に、適合すると起きる。3つの条件は、材料により異なるが、オーステナイトステンレス鋼の場合は、①オーステナイトステンレス鋼に、②残留応力を含めた引張応力が存在し、③塩素イオンと溶存酸素が共存する溶液と接触した、場合に起きる。発生は、クロム欠乏症、塩素による不働態皮膜の破壊などを発端とし、孔食と同じようなメカニズムで進むが、割れ部に存在する引張応力が、割れ部を押し広げる作用をし、腐食を加速させる。

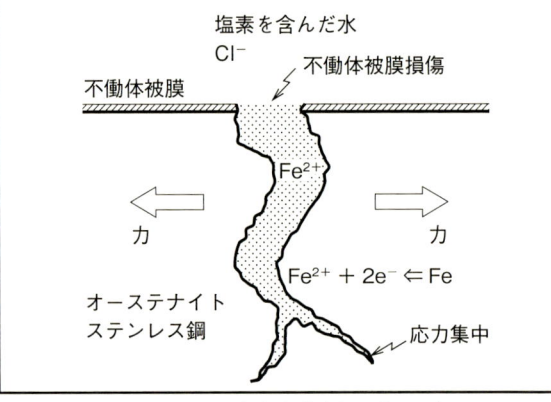

図6-13 応力腐食割れ（SCC）

引用文献：

[1] 稲垣修一他：「発電プラントの腐食とその防止」、火力原子力発電協会、H9年8月発行、p38～39

用語解説

クロム（Cr）欠乏症

SUS304で代表されるオーステナイト・ステンレス鋼が耐食性に優れるのは、18％含まれるCrによるが、溶接で600℃付近になった部分で、鋼中の炭素がCrと化合物をつくる現象があるため、その部分でCrが欠乏し、耐食性が落ちる。この現象は溶接部付近で生じる（7-1（7）の「安定化熱処理」（p.152）参照）。

第7章

鋼の性質と管・管継手

　本章で扱う管と管継手は配管の主役です。そして最もよく使われる材料は言うまでもなく鋼です。

　本章では最初に、鋼の性質について確認しておきます。次いで、配管に使われる主な鋼管の種類、管の材質、鋼管の製法、鋼管の呼称サイズ・スケジュール番号、鋼管以外の管の種類、そして管の接合方式、配管ルートの方向変更、合流/分岐、口径変更をするため使用する各種管継手の形式と特徴を学びます。

7-1 ● 鋼の性質

鋼管、管継手、弁など配管コンポーネントに広く使われている鋼の強度と性質について理解しておく必要があります。

（1） 鋼は延性材料

材料の強度は丸棒や板状の試験片を引張試験機で荷重をかけながら、試験片の伸びを測ることによって求められます。応力 S を縦軸に、ひずみ ε を横軸にとって、引張試験の結果をプロットしたものを応力-ひずみ曲線といい、模式化したものを図 7-1 に示します。なお、応力 S は [(試験片に掛かっている荷重 F)/(試験片の元の断面積 A)]、ε は [(伸

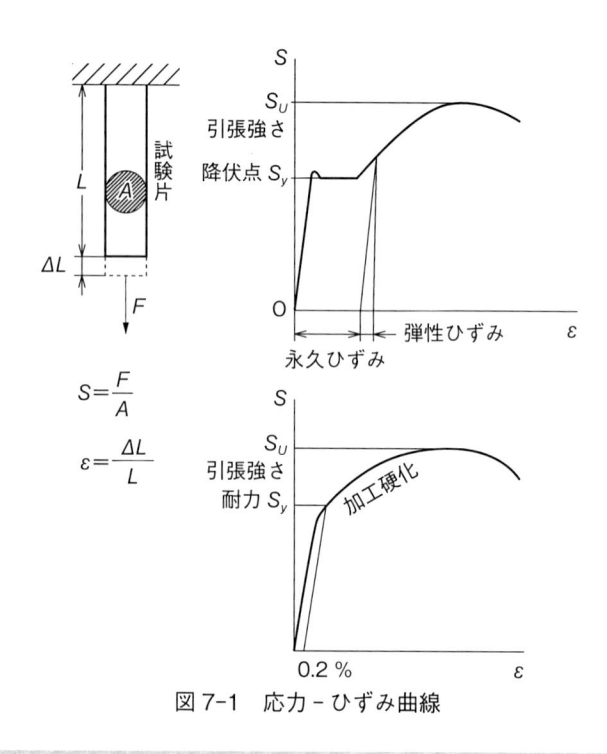

$$S = \frac{F}{A}$$

$$\varepsilon = \frac{\Delta L}{L}$$

図 7-1　応力-ひずみ曲線

びた長さ ΔL)/(試験片の元の長さ L)]、です。

配管材料として使われる鋼管は、引張試験において次のような性質を示します。

試験で荷重を増やし始めてしばらくは、勾配 S/ε が一定です。S/ε が一定の範囲を弾性域といい、一定の S/ε を縦弾性係数（またはヤング率）と言います。この範囲では、荷重を０にすれば、ひずみが０に戻ります。さらに荷重を増やしてゆくと、荷重を増やさないのに突然大きなひずみが生じるところがあります。この点を降伏点と呼び、このときの応力が降伏応力です（本書3-1参照）。降伏点を超えると、荷重を０にしても永久ひずみが残ります。降伏点を超えて、さらに引張ると、材料の持つ加工硬化という性質により、ひずみとともに荷重も増えます。最大荷重に達した後、荷重は減少し、遂に破断します。最大荷重時の応力を引張強さ S_u と呼びます。

ほかに、降伏点を持たず、スムースに過程を終える材料があります。そういった材料では、試験片に 0.2 % の永久ひずみが残る応力を耐力と呼び、降伏応力の代りとします（図 7-1 の下側の $S-\varepsilon$ 図）。炭素鋼や低合金鋼は降伏点を持つ材料であり、オーステナイトステンレス鋼は降伏点を持たない材料です。

降伏応力は材料が永久変形を始める応力であり、引張強さは材料が壊れる応力です。

以上述べた材料は延性材料と呼ばれます。配管に使われる鋼管は、破壊するまでに元の長さの 1.25 倍ぐらいまで伸びます。伸びる間に加えられたエネルギーを吸収するので、鋳鉄のような伸びの少ない材料にくらべ衝撃力に対し、しぶとさがあります。

さらに、降伏という現象は、集中応力を平準化し、応力のピークを作らない働きがあります。すなわち、図 7-2 に見るように、形状の不連続部で発生する集中応力は、降伏応力に達すると、ひずみは増えるが応力は増えないので、降伏に達していない隣接部分の応力が肩代わりして応力を負担し、やがて降伏応力に達します。この現象は次々と周囲の部分に

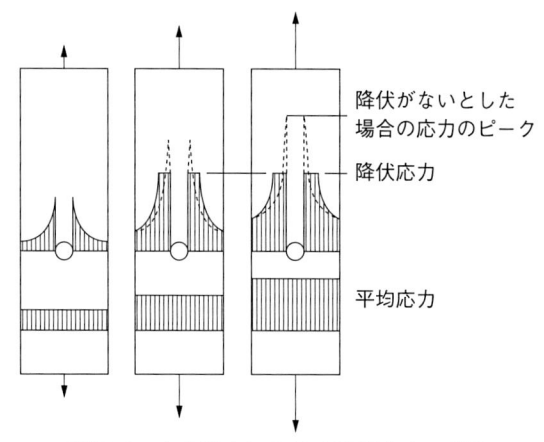

図 7-2　応力集中における降伏応力の効果

伝播し、応力は降伏応力で平準化されるため、破壊に至る応力以下にとどまり、より耐えることができます。

このように、鋼管材料に使われる鋼は、荷重に対し冗長性があります。規格で定められた、許容応力などはこの冗長性をベースに置いて定められています。

（2）　高温域における強度

一般に鋼は高温になると引張強さが減少します。

また、高温で鋼に一定応力を掛けたまま長時間保持すると、ひずみが増え続け、引張強さよりも低い応力で破断します。この現象をクリープといい、クリープの起こる温度域をクリープ域と言います。合金成分によっても違いますが、炭素鋼、低合金鋼ではおおむね 350 ℃から 400 ℃を超えるとクリープ域となります。また、クリープ域でひずみを一定に保持すると、応力が減少してくる現象があります。この現象を応力緩和と言い、応力の下げ止まりの応力を応力緩和限界と言います（**図 7-3** 参照）。

高温部分の許容応力はクリープ強さに基づき、許容応力が決められま

図 7-3　クリープと応力緩和

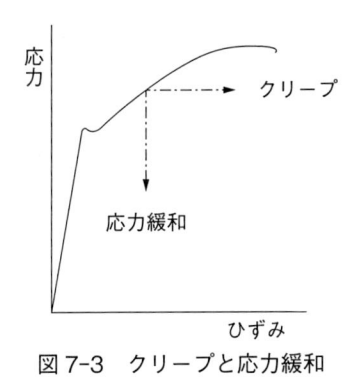

す。(本節（4）参照)。

　なお、炭素鋼は 427℃（800°F）以上で黒鉛が生成されることにより、もろくなるので注意が必要です。

（3）　冷温域における強度

　鋼によらず、金属は一般にある特定の温度以下になると、延性をなくし、もろくなります。低温域の鋼のもろさを調べるためには衝撃試験が用いられます。試験温度を下げてゆくと、衝撃の吸収エネルギーが急に低下する温度が現れます。この温度を遷移温度と言います。この温度より上では鋼は強靱(じん)ですが、低い温度域では脆くなります。この温度は金属の結晶格子、化学組成、脱酸程度、熱処理などによって変化します。オーステナイト鋼はもろくなる温度が炭素鋼よりはるかに低いので、液化ガスなどの低温流体にも使用可能です。

（4）　許容応力

　石油精製、化学、電力、などのプラントはもとより、各種設備に使われる圧力容器、配管の強度設計では、許容応力を設け、設計応力が許容応力以下におさまるように設計します。

　許容応力には強度に対する余裕、すなわち安全係数が考慮されています。

各温度の許容応力は、例えば、JIS B 1201「鋼製陸用ボイラ」においては、下記応力の最小値としています。
① 常温引張強さの最小規定値の 0.25 倍
② 各温度における引張強さの 0.25 倍
③ 各温度における降伏応力、または 0.2 ％耐力の 2/3
④ 常温における降伏応力、または 0.2 ％耐力の 2/3
⑤ 各温度における 1,000 時間に 0.01 ％のクリープが生じる応力の平均値
⑥ 各温度における 100,000 時間でラプチュアを生じる応力の最小値の 0.8 倍または平均値の 0.67 倍

合金成分によるが、350 ℃ないし 500 ℃以下では①、②、③が、350 ℃ないし 500 ℃を超える高温域では④、⑤が支配的になることが多い。

（5） 成分の役割と不純物

鋼は、目的に適う性質とするために加える合金成分と若干の不純物を含みます。

炭素鋼に含まれる炭素（カーボン）もまた、合金成分の一種です。主な合金成分の役割と不純物による害は次のようなものです。

C（炭素）：鋼の重要な元素。C 量が増えるにつれて強度が高くなるが、多すぎると鋼が脆くなったり、溶接が困難になる（参考：STPT480 の C 量は JIS では最大 0.33 ％）。

Si（ケイ素）：鋼を作るときに、不純物である酸素を下げ、鋼の性質をよくするために使用します。亜鉛めっきをする場合はめっきに悪影響があるため、含有量を制限することがあります。

Mn（マンガン）：鋼に含まれる硫黄の悪影響を MnS を形成させることによって、軽減させます。強度を高めるためにも使用されます。

P（リン）：不純物元素であり、鋼を脆くするので通常 0.04 ％以下に制限されます。

S（硫黄）：鋼を圧延するときに、鋼を脆くするので通常 0.04 ％以下に

抑えられています。

Al（アルミニウム）：Si と同様に鋼の中の酸素を下げるために使用されます。

Cr（クロム）：耐食性、耐酸化性を高める重要な添加元素です。鉄に 10.5 ％以上 Cr を含む鋼をステンレス鋼と呼び、非常に耐食性に優れた性質を示します。また、高温環境で使用する場合も、耐酸化性を高めるので、目的に応じて 1〜9 ％添加した鋼が用いられます。

Mo（モリブデン）：微量添加することにより、鋼の高温強度を増します。また、ステンレス鋼に添加することにより、塩素イオンの環境における耐食性を改善します。

Ni（ニッケル）：鋼の粘りを増し、低温における特性を改善します。ステンレス鋼においては酸に対する耐食性を向上させます。

（6） 鋼の種類

よく使われる鋼の種類に次のようなものがあります。

鋼：鉄 Fe を主成分とし、通常 2.0 ％以下の炭素 C とその他の元素を含む材料を言います。延性があり、鍛造、圧延、曲げ、溶接などにより要求形状に成形、加工できます。

炭素鋼：主合金元素として約 2.0 ％以下の C を含み、製鋼上欠かすことのできない微量のマンガン Mn、ケイ素 Si のみを添加された鋼。

合金鋼：Mn、Si のほかに特別な性質を与える目的で、クロム Cr、モリブデン Mo、ニッケル Ni などを添加した鋼。添加元素の合計が 5 ％以下のものを低合金鋼、10 ％以上のものを高合金鋼と呼ぶことがあります。

リムド鋼とキルド鋼：溶鉱炉から取り出した不純物の多い銑鉄は、精錬過程において不純物を酸化、除去します。溶鋼中に酸素が多くありすぎると、酸化反応が進行し、品質を悪くする可能性があるので、これを除去する必要があり、アルミニウムなどを使い脱酸します。**リムド鋼**は、軽く脱酸した鋼で、内部の気泡は圧延により圧着する

ので、板、棒、管に使われます。ただ、内部において、必要な成分（炭素、マンガンなど）や、有害成分（リン、硫黄など）が一様にならないという欠点があり、ラミネーション（層剥離）を起こす可能性があります。

キルド鋼とは"酸素を殺した鋼"という意味で、十分脱酸され、リムド鋼より均質な、良品質の材料です。

（7） 鋼の熱処理効果

鋼の性質を改善するため、種々の熱処理が施されます。
以下に代表的な熱処理とその効果を示します。

焼鈍し（なまし）：鋼を軟らかくするためにオーステナイト領域まで加熱後、一定温度に十分保持した後、徐冷する熱処理。

焼ならし：鋼を均質化して軟らかくするための熱処理。オーステナイト領域まで加熱して徐々に室温まで冷却します。

焼入れ：鋼をオーステナイト領域まで加熱した後、急激に冷やして硬いマルテンサイト組織を得る熱処理。

焼戻し：焼入れによって生じた硬いマルテンサイト組織に靭性（じん）を与える目的で行われる熱処理。

溶体化熱処理：ステンレス鋼などで、合金元素を基本金属の中に溶け込ませた状態（1,100℃前後）で急冷し、高温の組成をそのまま常温にもたらす熱処理。組織の均一化が目的。固溶化熱処理ともいいます。

安定化熱処理：ニオブまたはチタンを含むオーステナイト系ステンレス鋼において、溶接時におきるCr炭化物の析出により、鋼中の炭素周辺のCr含有量が薄くなるのを抑制するため、850～900℃に加熱し、鋼中の炭素をニオブまたはチタンなどとの安定な化合物にする熱処理。耐食性向上が目的（6-5（4）の「用語解説」(p.144)参照）。

7-2 ● 配管に使われる管

(1) 管の種類

　管は配管装置を構成する、最も基本的かつ主要な材料の1つで、真直ぐの長い円筒状の製品です。用途は流体輸送用のほかに、建築用や構造用のものもあり、後者には断面が円形でないものもあります。

　パイプは材質、製法、被覆の種類などにより、**表 7-1** に示すような種

表 7-1　管の主な種類

材　質		種　類	製　法
金属管	鋼　管	継目無鋼管	熱間仕上げ
			冷間仕上げ
		溶接鋼管	電気抵抗溶接鋼管（電縫鋼管）
			アーク溶接鋼管
			鍛接鋼管
	防食被覆鋼管	亜鉛めっき鋼管	
		クラッド鋼管	
		セメントモルタルライニング	
		ポリエチレンライニング	
		ガラスフレークライニング	
		タールエポキシ塗装	
	鉄　管	鋳鉄管	
		ダクタイル鋳鉄管	
非金属管	プラスチック管	塩化ビニール管（PVC）	
		ポリエチレン	
		ポリウレタン	
		ポリブデン	
	ガラス繊維強化プラスチック管		
	コンクリート補強管		

第7章 ● 鋼の性質と管・管継手

類があります。

(2) 管の製法と特徴
表7-1の中の主な管について、その製法と特徴を次に示します。

① 継目無（シームレス）鋼管（熱間仕上げ）
ドイツのマンネスマン兄弟が、図7-4の左側の図のように、2つの傾斜したローラで加熱した丸棒を圧延すると、丸棒の中心付近に退けたような穴が開くことを発見、1885年にこの現象を応用して、図7-4の右側のようなロールとプラグを使った丸棒の穿孔方式を発明しました。

継目無（シームレス）鋼管の製法は、1,200℃に熱した太い丸棒を、このマンネスマン方式（現在は種々の方法がある）で穿孔したものを、圧延、矯正して製造されます。製造できる最大径は一般に400A程度までです。この熱間で作られたままの管を熱間仕上げの管と言います。

熱間で製造された管を冷間で圧延して寸法精度、表面の平滑度を向上させた管を冷間仕上げの管と言います。また、冷間加工することにより口径700Aあたりまで、またより薄い管の製造が可能です。

管長手方向に溶接継目がないので、特に高い信頼性を要求される配管に継目無鋼管が使われることが多い。

② 電縫鋼管
熱間で圧延したコイルを伸ばし、連続ロールで円形に成形してゆき、

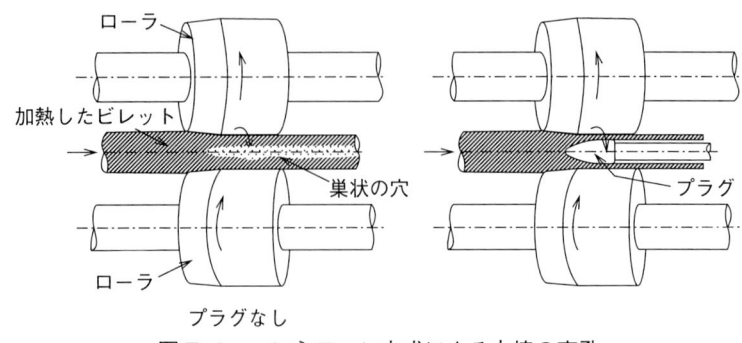

図7-4　マンネスマン方式による丸棒の穿孔

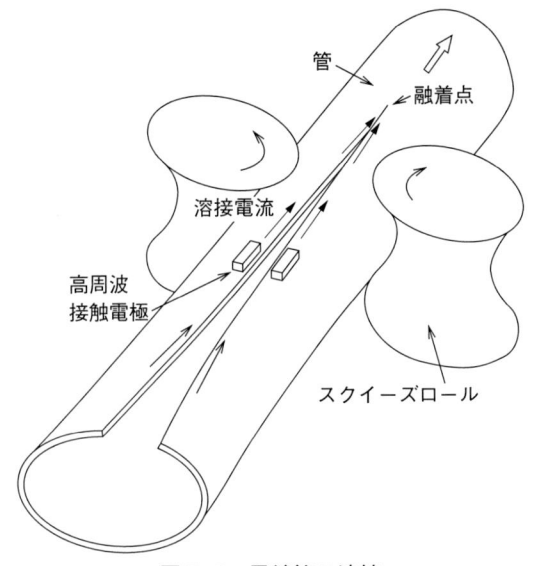

図 7-5　電縫管の溶接

板の合わせ目を電気抵抗、または高周波誘導による発熱を利用して溶接します（**図 7-5**）。その後、定径機により製品寸法に仕上げます。板から作るので、厚さの薄い管の製造に適し、肉厚に偏肉がすくない。

③　アーク溶接鋼管

アーク溶接鋼管にはスパイラルシーム管とストレートシーム管の2種類があります（シーム管は継目のある管を意味する）。

スパイラルシーム管は熱間圧延した板のコイルから連続的に板をらせん状に巻いてゆき、らせん状になった板と板の合わせ目をアーク溶接したもの。板の長手方向と巻く管の軸方向のなす角度 θ を変えることにより、同じ板幅 L で、異なる管径 D を巻くことができます（**図 7-6**）。

ストレートシーム管は、幅を管の周長に合わせた長方形の帯鋼を丸めて、管の長手方向にできた合わせ目をアーク溶接したもの。製法に UOE 製法によるもの（**図 7-7**）とベンディングロールにより板を曲げる方法（**図 7-8**）とがあります。

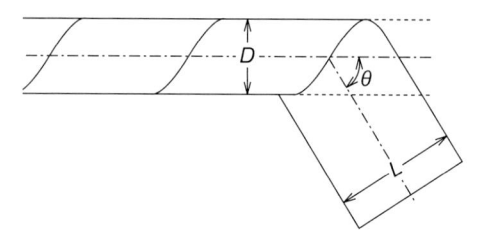

図 7-6　スパイラルシーム管の巻き方

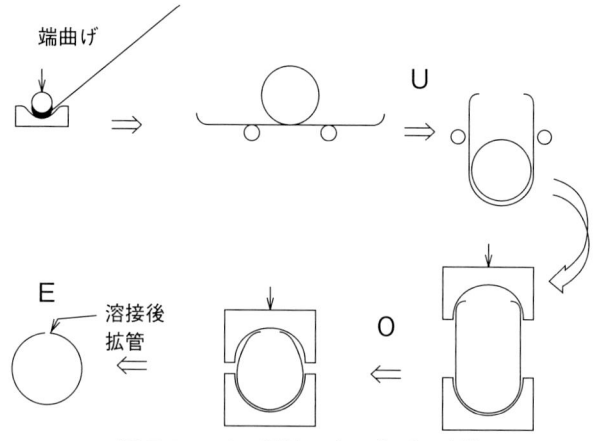

図 7-7　UOE 製法による曲げの方法

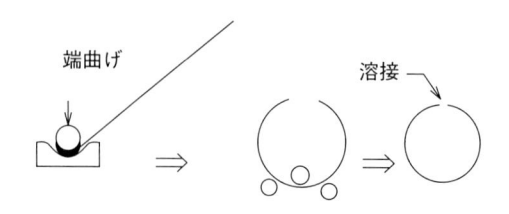

図 7-8　ベンディングロールによる曲げの方法

　UOE 製法は、あらかじめ板両端をプレスで曲げ（端曲げという）、次いで U 形プレスで U 字形に成形、次いで円形の O 形プレスで円形に成形、板の合わせ目を仮付し、内外面から溶接され、その後、拡管機

(E：Expander) で所定の外径に拡げ、仕上げます。

④ **鍛接管**

コイル状の帯鋼を素材とするのは、電縫鋼管と同じですが、電縫鋼管が常温で成形されたのに対し、この方法は、全体を高温に加熱後、接合する板の合わせ目となる帯鋼端部をさらに高熱に加熱、成形機で円筒形に成形後、高温の長手継手面を両側から押し付けて鍛接し、管とします。

⑤ **防食被覆鋼管**

- プラスチック被覆鋼管は、被覆材の厚みなどにより、被覆鋼管、ライニング鋼管、塗装管、コーティング管などのさまざまな呼び方があります。鋼管の内面を被覆した管は、海水など腐食性のある流体用、さびを嫌う用途などに使われます。外面を被覆した管は、土壌により腐食される埋設管用に使われます。内外面を被覆した管もあります。
- クラッド鋼管は、耐食的に優れる金属は一般的に高価なので、鋼管に張り合わせて複合配管としたもの。張り合わせる耐食性金属として、Ti、Ni、Cr、Al などがあります。
- モルタルライニング鋼管は、鋼管の内面にモルタルを内張りしたもので、塩類を含む水、海水、廃水に対し、耐食性が大です。

なお、タールエポキシ塗装は、発がん性があると言われるタールが含まれることから、JIS が廃止されました。今後、使われなくなると思われます。

豆知識

B 系サイズを A 系サイズに換算する

(B 系、A 系は 158 頁参照)

日常業務でインチで表す B 系の呼び径を、ミリメートルで表す A 系の呼び径に換算することがしばしばあります。このとき、インチに 25.4 または 25 を掛けて換算するのは暗算が面倒なので、インチを 4 で割れば簡単です。例えば 24B は 24÷4＝6 で 600A という具合に。

7-3 ● 鋼管の呼称とスケジュール番号

　特定の鋼管を識別するとき、一般には「管の種類の記号」、「口径」、「厚さ」をもって表現します。材質では、シームレス、シーム両方ある場合、その指定も必要です。通常口径は「呼び径」、厚さは通常の厚さの範囲内であれば「スケジュール番号」（Sch.No）をもって指定します。

（1）　鋼管の呼称

鋼管の口径は一般に mm で表示しますが、外径は半端な数字になるので、口径を呼ぶときは、「呼称」または「呼び径」が使われます。

　呼称は、mm（ミリ）で表す A 系とインチで表す B 系があります。mm で表す場合、A 系では mm の外径を切りのいい数字に丸め、後ろに A をつけます。B 系は切りのいいインチに丸め、後ろに B をつけます。例えば、外径 89.1 mm の管は 80A または 3B、外径 216.3 mm の管は 200A、または 8B が呼称です。A 系の呼称は 300A 以下は内径寸法に、350A 以上は外径寸法に近い。**表 7-2** に JIS 規格の管外径、管内径（Sch.40）と A 呼称、B 呼称の関係の一部を示します。

（2）　鋼管のスケジュール番号

　鋼管の厚さは管のスケジュール番号に従って決められています。

　スケジュール番号方式は、管にスケジュール番号（Sch.No と略す）という、一種の耐圧クラスを設け、Sch.No ごとに各口径に対する各厚さを決め、それを標準厚さとしました。

　Sch.No はおよそ次のような思想で作られています。Sch.40 の管は、許容応力が 100 MPa 程度の標準的な材料（STPT410 クラス）を使えば、おおよそ 4 MPa の圧力に使え、Sch.80 の管は Sch.40 の 2 倍のおよそ 8 MPa、Sch.160 の管は Sch.40 の管の 4 倍のおよそ 16 MPa まで使えます（後に述べるように、Sch.No の式が余裕を持った式なので、許容圧力は

表7-2 鋼管の呼称（抜粋）

外径 mm	Sch.40 の内径 mm	A 呼称	B 呼称
21.7	16.1	15	1/2
27.2	21.4	20	3/4
34.0	27.2	25	1
42.7	35.5	32	1 1/4
48.6	41.2	40	1 1/2
60.5	52.7	50	2
76.3	65.9	65	2 1/2
89.1	78.1	80	3
114.3	102.3	100	4
165.2	151.0	150	6
以下、省略			

もう少し大きくなります）。

　このスケジュール番号システムは、弁やフランジの「圧力－温度基準」（圧力クラスともいう）に似た概念です。バルブやフランジの「圧力－温度基準」は、プラント設計者が圧力、温度、材質、口径を指定するだけで、所要のバルブを入手することができ、バルブメーカーも都度設計の必要がないようにできています（本書10-4（p.217）参照）

　一方、管はSch.Noごとに、式（7-3）を基礎として、各口径に対する各厚さが決められています。ただ、Sch.Noの厚さは、圧力クラスと異なり、設計者の目安として扱われます。その理由は、特に径の小さい管において、強度面で余裕を大きく見ている傾向があるからです。したがって、圧力クラスと違い、プラント設計者が適用する基準の必要厚さ計算式により、個々に強度計算を行って管厚さを選定あるいは決定します。

　Sch.Noのメリットは、管の厚さを標準化したことと、JISに定められた管継手の厚さ選定の際、管と同じSch.Noを選ぶことにより、強度計算を免除されることです。このSch.No方式は1938年、当時のASA（現

ANSI）により B 36.10 として制定されました。元の式はインチ-ポンド系ですが、ISO 単位で書けば、

$$管厚さ：t = \left(\frac{PD}{1.75S}\right) + 2.54 \tag{7-1}$$

$$許容圧力 P：P = \left(\frac{S}{1000}\right)Sch.No \tag{7-2}$$

$$あるいは、\quad Sch.No = \left(\frac{1000P}{S}\right) \tag{7-3}$$

ここで、t：管厚さ〔mm〕、P：使用圧力〔MPa〕、S：使用温度における材料許容応力〔MPa＝N/mm^2〕、Sch.No：スケジュール No。

いま、常温の許容応力 103 MPa である STPT410 継目なし鋼管、Sch.40 の管の許容圧力は式（7-2）より、

$$P = \left(\frac{103}{1000}\right)40 = 4.12 \text{〔MPa〕}$$

となる。しかし、先に述べたようにスケジュール管の肉厚はかなり保守的に決められていますので、式（7-2）や式（7-3）を使って許容圧力や Sch.No を求めることはしない（目安として使える）。

上記、式（7-1）、式（7-2）より、

$$t = \left(\frac{Sch.No.\times D}{1750}\right) + 2.54 \tag{7-4}$$

式（7-4）は、スケジュール管の厚さを決める式ですが、この計算値にさらに若干の余裕をつけて、厚さが決められています。

図 7-9 は、横軸は外径、縦軸は許容圧力で、STPT410 継目なし鋼管、Sch.40 の管の、先に求めた式（7-2）による許容圧力 4.12 MPa の水平の線と、負の肉厚公差を考慮に入れて、JIS 8201「陸用鋼ボイラ構造」の厚さ計算式（腐れ代は 0 とした）で算出した、許容内圧の左上がりのカーブを描いたものですが、口径の小さいほど、式（7-2）で求めた許容圧力に対する裕度が大きいことがわかります。これは口径の小さいほど 2.54 mm という付加厚さの耐圧に対する貢献度が大きく出るためです。

$$t = \frac{PD_o}{2(SE+Py)} \text{ [mm]}$$

$$P = \frac{2SEt}{D_o - 2yt} \text{ [MPa]}$$

厚さ公差：−12.5 %

4.12 MPa

$$P = \frac{S}{1000} \text{ Sch.No} = \frac{103}{1000} \, 40 = 4.12 \text{ [MPa]}$$

STPT410　S/40　温度 350℃以下

図 7-9　スケジュール管の許容内圧

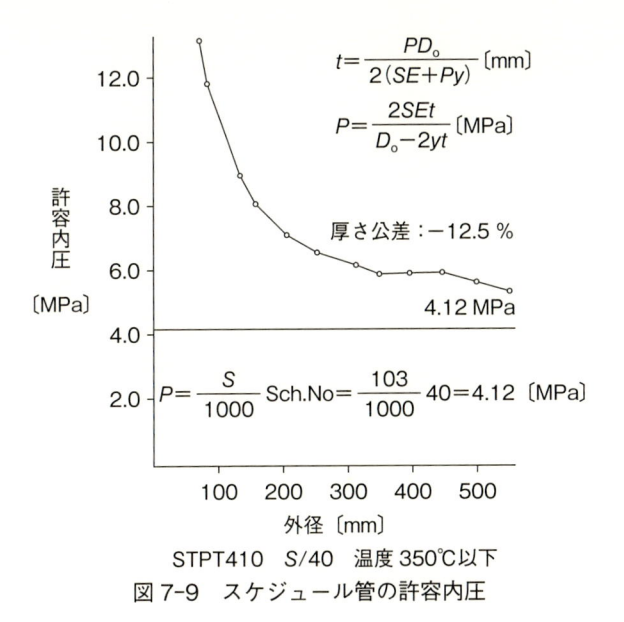

図 7-10 は Sch 管の口径と厚さの関係を視覚的に捉えたものです。図の下の方にハッチングした付加厚さ分を差し引いて見てみると、各スケジュールの厚さのピッチがほぼ等間隔で、管スケジュールが式 (7-2) を具現した圧力クラスであることがわかります。

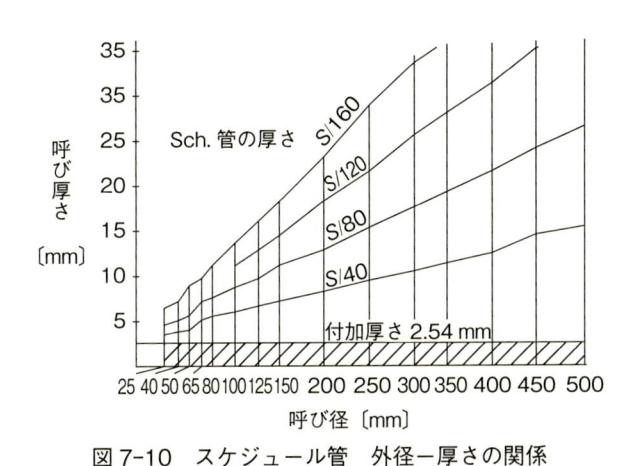

Sch. 管の厚さ　S/160　S/120　S/80　S/40

付加厚さ 2.54 mm

図 7-10　スケジュール管　外径−厚さの関係

7-4 ● 鋼管の種類と用途

ここでは、配管によく使われる代表的な鋼管の種類を概観します。

（1） 代表的な鋼管の種類と用途

管の種類と記号	特徴、用途など
G3442 水配管用亜鉛めっき鋼管 SGPW	水道用および給水用以外の水配管（空調、消火、排水など）に用いる亜鉛めっき鋼管。亜鉛めっきによる防食作用は主に亜鉛めっきの表層に形成される防錆被膜によるものだが、めっきに欠陥が生じた場合でも亜鉛の電気防食作用（本書 6-3 (p.135) 参照）により腐食が抑制される。
G3443 水輸送用塗膜覆装鋼管 STW	水道、下水道、工業用水道、農業用水などに使用する。内面にアスファルト、コールタールエナメル、ポリエチレンなどを塗覆装した鋼管。製造法としては鍛接または電気抵抗溶接、突合せ内外面自動サブマージアーク溶接がある。
G 3447 ステンレス鋼サニタリー管 SUS－TBS	酪農、食品工業など、衛生管理の厳しい領域に使用される。材料として SUS304、304L、316、316L、の 4 種類が規定され、おのおのに、継目無し、自動アーク溶接、レーザ溶接、電気抵抗溶接による製造法が規定されている。外径は 25.4 mm から 165.2 mm の範囲が規定されている。
G 3448 一般配管用ステンレス鋼管 SUS－TPD	給水、給湯、排水、冷温水の配管およびその他に用いるステンレス鋼管（直管およびコイル巻き管）について規定している。材料は次の 4 種類を規定している。 SUS304TPD、SUS315J1TPD、SUS315J2TPD、SUS316TPD。

G 3459 配管用 ステンレス 鋼管 SUS－TP	耐食用、低温用、高温用などの配管に用いるステンレス鋼管について規定。材料としては、31種類のステンレス鋼が規定されている。製造方法は継目無し鋼管、自動アーク溶接、レーザ溶接、電気抵抗溶接法がある。	SUS410	13Cr	
		SUS430	18Cr	
		SUS304TP	18Cr－8Ni	
		SUS304LTP	18Cr－8Ni	低炭素
		SUS321TP	18Cr－8Ni	TiCの生成
		SUS316TP	18Cr－8Ni	Mo添加
		SUS316LTP	18Cr－8Ni	低炭素
		SUS347	18Cr－8Ni	NbCの生成
		SUS309TP	25Cr－20Ni	Cr,Ni量増
G 3452 配管用 炭素鋼管 SGP	使用圧力の比較的低い蒸気、水（上水道用を除く）、油、ガス、空気などの配管に使用。一般にガス管と呼ばれ、外径および肉厚の寸法が標準化されたもの（外径は他の鋼管規格に合うが、肉厚は独自サイズ）で、350℃以下の温度の 0.98 MPa 以下の水、油、ガスおよび空気の配管に使用される。配管用鋼管は黒管と白管に分けられ、白管は防食のため亜鉛めっきしたものをいう。製造方法は鍛接法、および電気抵抗溶接法による。			
G 3454 圧力配管用 炭素鋼管 STPG	この鋼管はSGPの適用範囲を超え、使用圧力 1～10 MPa 程度、350℃程度以下で使用する圧力配管用。この規格は管の使用圧力の段階を考慮して、Sch.Noによる肉厚系列が規定されている。種類としては、STPG38、とSTPG42があり、おのおのに継目無し管と電縫管がある。			
G 3455 高圧配管用 炭素鋼管 STS	350℃以下で使用圧力が高い配管に使用する。			
G 3456 高温配管用 炭素鋼管 STPT	この鋼管は 350～450℃の高温、高圧下で使用されるもので、ボイラ、タービン用の主配管、石油化学工業の高温流体配管に使用される。この管は炭素鋼の中にあって、結晶格子を粗粒化することによって、高温強度を与えている。STPT380、STPT420、STPT480の3種類があり、それぞれに継目無し管と電縫管（STPT480を除く）がある。			

G 3457 配管用 アーク溶接 炭素鋼管 STPY	使用圧力が比較的低く、径の大きい蒸気、水、ガス、空気、などの配管用。鋼板を巻いて作る。ストレートシーム鋼管とスパイラル鋼管とがある。			
G 3458 配管用 合金鋼管 STPA	高温強度や耐酸化性、耐食性を要求されるところに使用。 400℃〜560℃程度の火力発電所の高温蒸気用配管、石油精製の高温高圧配管に使用される。また、Crはエロージョンなどに耐性があり、耐食が要求されるところに使用。すべて継目無し鋼管である。		STPA12	低炭素−1/2Mo
			STPA22	1Cr−1/2Mo
			STPA23	1 1/4Cr−1/2Mo
			STPA24	2 1/4Cr−1Mo
			STPA25	5Cr−1/2Mo
			STPA26	9Cr−1Mo
G 3469	低温用配管鋼管　STPL		氷点以下の特に低い温度の配管用。	
G 3468	配管用溶接大径ステンレス鋼管　SUS-T		耐食用、低温用、高温用などの配管用。	
G 3469	ポリエチレン被覆鋼管　P		ガス、油、水などの輸送に用いるもので、主に地中埋設用で、外面ポリエチレン被覆鋼管。	

（2）設計温度—圧力に対する主な鋼管材料の選択例

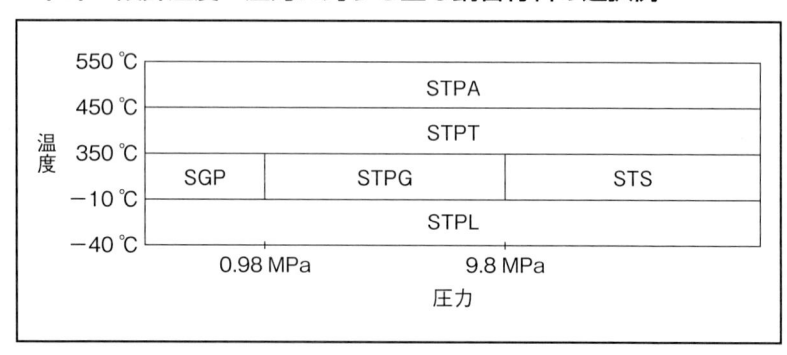

温度			
550℃	STPA		
450℃	STPT		
350℃			
−10℃	SGP	STPG	STS
−40℃	STPL		
	0.98 MPa	9.8 MPa	
	圧力		

7-5 ● 鋼管以外の管

配管に使われる鋼管以外の管に、主なものとして次のようなものがあります。

名称	特徴、用途など
鉄管	鉄管には「ねずみ鋳鉄」または「普通鋳鉄」と「ダクタイル鋳鉄」または「球状黒鉛鋳鉄」の2種類があり、鋼管より、耐食性がある。ねずみ鋳鉄の組織の黒鉛は先端が尖っていて、応力が掛かると応力集中を起こしクラックが入りやすいことから、近年パイプ材に使われなくなってきた。「ダクタイル鋳鉄」は黒鉛の形状が球状をしているので、応力集中が起きにくく、炭素鋼鋳鋼以上の延性があるので、パイプ材に使われる。炭素含有量が多く、溶接できないので、管、管継手（異形管と呼ばれる）の接合は、嵌合（かんごう）方式で、隙間にリング状のゴムパッキンを挿入、シールする（例えば、図7-19のA）。
プラスチック管	代表的なものに、硬質ポリ塩化ビニル管（VP、VUなど）、ポリエチレン管（PE管）などがある。これら製品の特徴として、長所は、耐薬品性（耐酸、耐アルカリ）に優れる、施工が容易、経済的、軽い、電気絶縁性大、熱伝導率小（保温・保冷効果）、など。短所は、熱に弱い（使用限界60℃～65℃）、熱膨張係数が大きい（鋼管の6～8倍）。縦弾性係数は鋼の1/10～1/100など。
ガラス繊維強化管（GRP）	GRPは"glass reinforced plastic piping"の略。管の内径に相当する外径の心金の周りに連続したガラス繊維を緻密に、スパイラル状に巻きつけ、それを熱可塑性樹脂（thermosetting resin）で浸漬して製造。強度があり、軽く、耐食性に優れている。海外では、循環水管をはじめとして、海水、河川水の管によく使われている。国内では大径管には余り使われていない。座屈には弱いので、土圧（埋設）、負圧（過渡的）に対する強度チェックが特に重要。屋外露出管は外表面に紫外線に対する防護が必要である。
鉄心補強コンクリート管	英文は、steel-cored reinforced-concrete pipe。管は3つの層からなる。強度メンバと、接続部でジョイントの役目を果たすのはスチール製シリンダ（円筒）で、その内側は防食用にコンクリートライニングが施され、また、外側は耐荷重用の補強入りコンクリート（外面環境からの防食も兼ねる）からなる。外部からの座屈（土圧、負圧）に強い。海外で、循環水管に使われる。

7-6 ● 管の接合方式

　配管を配管ルートに沿って引き回しするためには、「溶接継手」とか「フランジ継手」のような、管と管、あるいは管と管継手を相互に接続する"継手"と、曲げたり、分岐・合流したり、管サイズを変える"管継手"が必要です。ここでは接続方法である"継手"について概観します。

　英語では、"継手"は"joint"、管継手は"fitting"と言います。

　"継手"、"管継手"の用語は、現実には、厳密に区別して使われていません。ここでは、"接合方式"という言葉を使います。

　接合方式につき、以下の**図 7-11**〜**図 7-18** により説明します。

突合せ溶接(略号：BW)は一般には50Aまたは65A以上に使われる。ビードを滑らかに仕上げれば、応力集中を最小限にすることができる。

差し込み溶接（ソケット溶接とも言う。略号：SW）は一般に40Aまたは50A以下に使用される。溶接部は形状的に応力集中が起きやすい（12-3、12-4（p.241、245）参照）

突合せ溶接　開先の例	差し込み溶接

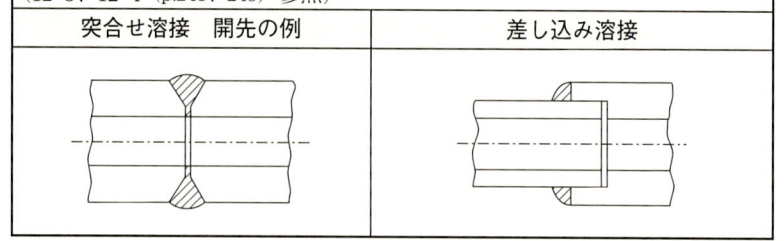

図 7-11　溶　接　式

配管より取外す必要がある管継手、弁、スペシャルティに使用。各種のフランジ形式と各種のガスケット座との組合せとなる。
圧力クラスには JIS、ASME、ISO 規格などがある（10-4 (p.217) 参照。）。

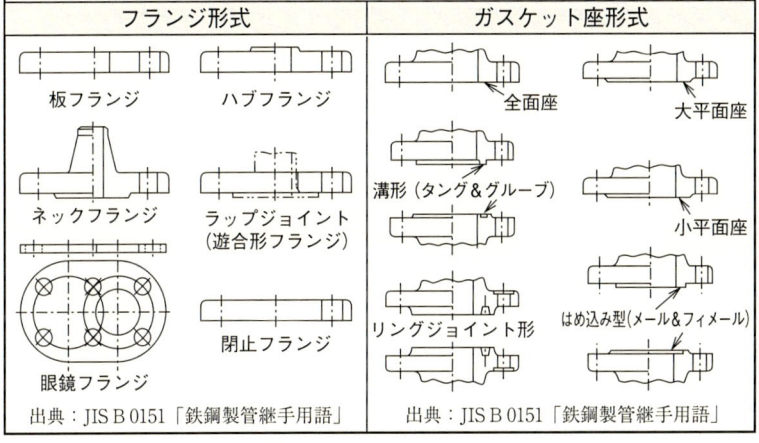

フランジ形式	ガスケット座形式
板フランジ　　　ハブフランジ	全面座　　　　大平面座
ネックフランジ　ラップジョイント（遊合形フランジ）	溝形（タング＆グルーブ）　小平面座
眼鏡フランジ　　閉止フランジ	リングジョイント形　はめ込み型（メール＆フィメール）

出典：JIS B 0151「鉄鋼製管継手用語」　　　出典：JIS B 0151「鉄鋼製管継手用語」

図 7-12　フランジ式

ねじは通常管用テーパねじ（PT）を使用するが、管用平行ねじ（PF）が使われることもある。水、空気など漏れても危険の少ないライン、めっき管など溶接による剥離などの問題のある個所に使用。

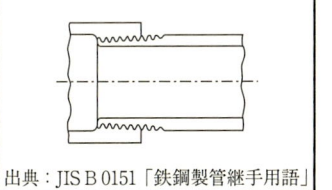

出典：JIS B 0151「鉄鋼製管継手用語」

図 7-13　ねじ込み式

小径管用のねじ継手で、接続の際、管を回転させることなく継手自身を回転させるだけで、管の接合、取外しができる。通常、ガスケットを使用するタイプが使われる。

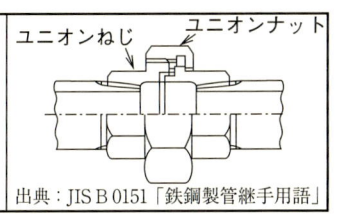

ユニオンねじ　ユニオンナット

出典：JIS B 0151「鉄鋼製管継手用語」

図 7-14　ユニオン

第 7 章　鋼の性質と管・管継手

チューブの端部を37°の角度に円錐状にひろげたフレアを、本体とナットの間に挟み込み、ナットで締め付けて、接続するチューブ用継手。

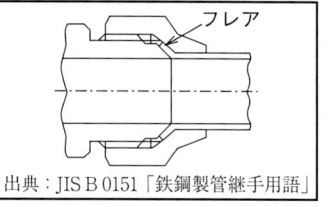

出典：JIS B 0151「鉄鋼製管継手用語」

図7-15　フレア式

薄い金属の輪のスリーブ（最近はフェルールと呼ばれ、昔はそろばん玉の愛称）を、ナットを締めこむことにより、チューブに食い込ませてシールする。フェルール1つの**シングルフェルール**（右図）に対し、フェルールを2つ持つ**ダブルフェルール**が最近はよく使われる。

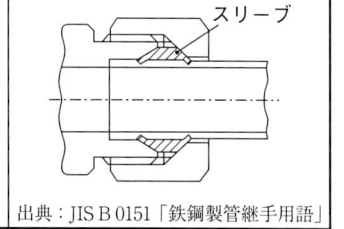

出典：JIS B 0151「鉄鋼製管継手用語」

図7-16　食い込み式

合成樹脂管に使用される。管に接着材を塗布して、ソケット部に押し込んで接合する。

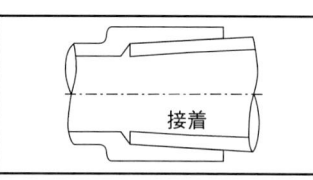

図7-17　接着式

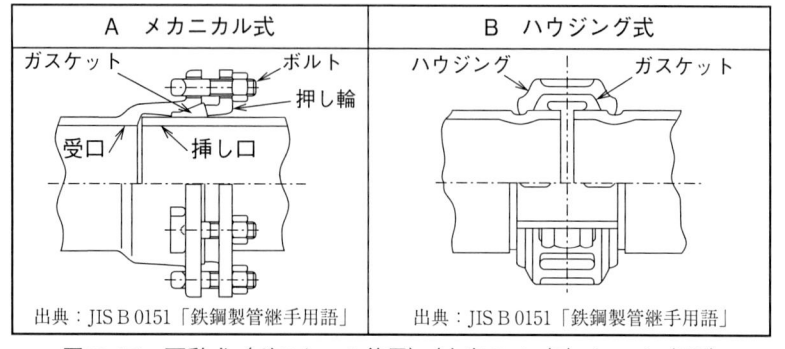

A　メカニカル式	B　ハウジング式
出典：JIS B 0151「鉄鋼製管継手用語」	出典：JIS B 0151「鉄鋼製管継手用語」

図7-18　可動式（ガスケット使用）（本書9-1（2）（p.194）参照）

7-7 ● 管継手

　計画された配管ルートに沿って管路を敷設するには、途中で曲げたり、分岐したり、合流したり、口径を変えたりすることが必要です。それらの機能を果たしてくれるのが、管継手（フィッティング）と呼ばれる製品です。

　管継手を機能別に分類したのが**表 7-3** です。

表 7-3　管継手の機能と主な管継手の種類

管継手の機能	主な管継手の種類
管をつなぐ	フランジ、フルカップリング、ユニオン
方向を変える	エルボ（ロング、ショート）、ベンド、マイタベンド
口径を変える	レジューサ（同心、偏心）
分岐・合流する	T、Y ピース、管台、オーレット、ボス（ハーフカップリング）
閉鎖する	キャップ、鏡板、閉止板、プラグ

図 7-19 に主な管継手の機能と概要を示す。

豆知識

ベンドとベント

　「ベンド」は流路の中心線が曲線をした曲がり管を言います。エルボは一般に曲げ半径が口径の 1.5 倍以下の曲率の小さいものですが、ベンドの一種です。

　「ベント」は容器、管の内圧を下げたり、管内の空気を排出すなどの目的で、空気（気体）を抜くこと、またはそのための管を言います。

エルボ、ベンド、マイタベンド 　通常45°、90°の曲がり部に使用。曲率半径が管径の1.5倍のものを**ロングエルボ**、管径に等しいものをショートエルボという。ショートエルボはロングエルボではスペースがとれないところに使用する。 　高周波誘導加熱で管を曲げる**ベンド**は最小曲率半径が管径の1.5倍程度まで可能である。 　**マイタベンド**は斜めに切断した管同士を接合して作られたベンド。エビの尻尾に似ていることから、エビ継ぎと呼ばれることもある。	エルボ ベンド	SW エルボ マイタベンド
レジューサ 　径の異なる管を接続するのに使用する。**同心レジューサ**（上段の図）と**偏心レジューサ**（中段の図）があり、同心レジューサは2本の管のセンターが合致しているとき使用。偏心レジューサは管外径の片側を揃えるのに使われる。例えばポンプ吸込み管では、空気だまり（エアポケット）ができないようにするため、上面が平らになるように揃える（その指示を、FOT：Flat of Topで表す）。また、パイプラック上などでは、サポートの簡便性から、管の底面が一直線になるように揃える（その指示を、FOB：Flat of Bottomで表す）。 　レジューサの絞り比は小口径側を大口径側の径より3〜4サイズまで小さくできるが、それ以上の場合はレジューサ2個を接続する。**レジューシングインサート**（下段の図）と呼ばれるソケットタイプのものには偏心形はない。		レジューシングインサート*
T（ティ） 　主管から枝管を直角に分岐するところに用いる。 　主管と枝管の口径が同じものを**同径T**、異径のものを**異径T**という。異径Tのサイズ範囲は主管に対し、枝管はおよそ4サイズ小さい範囲（25A以下の場合は2サイズ小さい範囲）まで製造されている。	同径 T	SW T （小口径用）

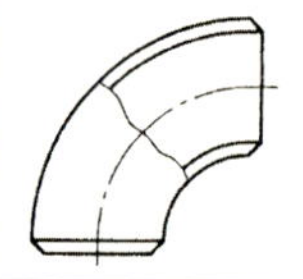

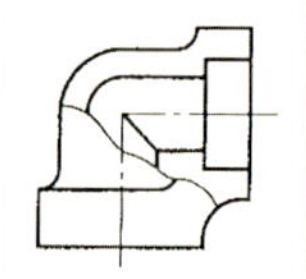

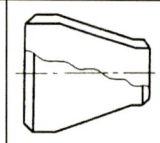

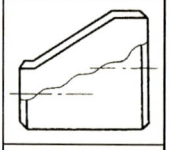

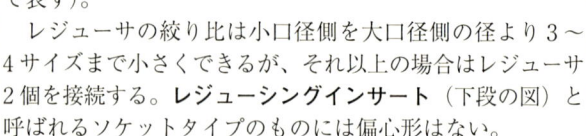

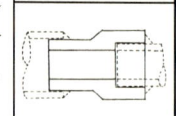

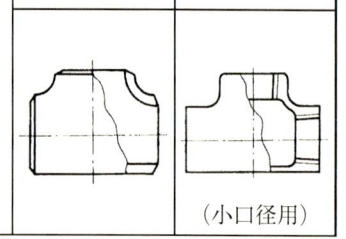

管台、オーレット 　これらは、主管の壁に穴を開け、管台を主管に溶接して、枝出しをするタイプである。 　**管台（ノズル）** は短管を主管に溶接し、強度的に必要があれば、補強板を穴の周囲に設ける。 　**オーレット**は米国で商品化されている。主管の管の丸みに合わせた鞍型をしており、また、主管の孔による強度不足を補うため、主管との取合い付近の厚さを厚くしている。	管台* オーレット*
キャップ 　管の端部を塞ぐときに用いられる。 　低圧の場合、板状の閉止板や閉止フランジを用いる場合もある。	キャップ　　SW キャップ
スタブエンド 　ラップジョイントフランジ（図 7-13）に使われる。腐食性のある流体に SUS のスタブエンドを使えば、フランジは流体に直接触れないので、耐食性のない炭素鋼を使用できる。フランジは管に溶接されていないので、自由に回転させることができ、相フランジにボルト穴を合わすのが容易である。	
ブッシング 　レデューサの一種。メスねじ - オスねじが一体になっている構造で継手のメスねじの寸法を小さくしたいとき、または継手のオスねじ（ニップルなど）の寸法を大きくしたいときに使用。材質は可鍛鋳鉄が多い。	

第 7 章 ● 鋼の性質と管・管継手

ニップル 　パイプの両端外側にオスねじを切った構造のねじ込み継手。Close（短）nipple、Long（長）nipple、Hex（六角）nippleなどがある。**スエージニップル**というのは、片側を絞ったニップルである。	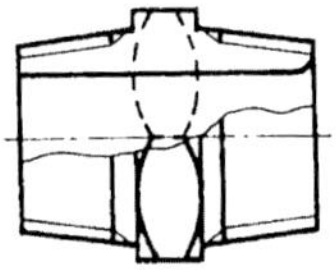
片ニップル、片長ニップル* 　片側がねじ、片側がプレンエンド（直角にカット）の短管。長さの長いものを片長ニップルという。接続部がねじの弁とハーフカップリングの間に使用。	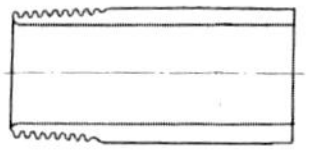
プラグ 　小口径の管やノズルの開口部を閉鎖するのに用いられる。ねじ込み式（右図）とすみ肉溶接するものがある。	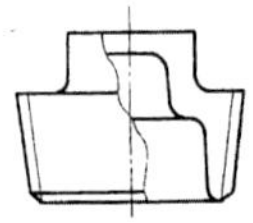

	フルカップリング	ハーフカップリング
フルカップリング 　小径の直管同士の接合に使用。すみ肉溶接で母管に取り付ける。 **ハーフカップリング** 　片側がソケット、片側がプレンエンド（直角にカット）の小径管用管継手。小径の枝出用の座として、母管にプレンエンド側を溶接して使用。		

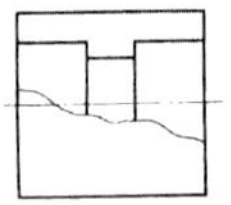

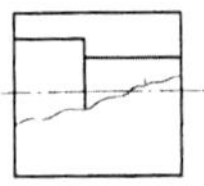

ボス* 　ボスは母管から小径管（40 A、または、50 A以下）を枝出しするときの座として使われる。母管とは突合せ溶接で接合される。ハーフカップリングと同じ役目だが、主管接続部側に開先が切ってある点だけが、ハーフカップリングと異なる。	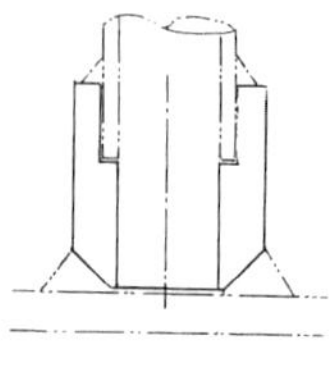

図の出典：JIS B 0151「鉄鋼製管継手用語」（＊を除く）

図7-19　各管継手の機能と概観図

第8章

材料力学と
ハンガ・サポート

配管はハンガ・サポートによって所定の配管ルートに支持されます。ハンガ・サポートの配置、選択が適切でなければ、配管がいかによく設計、製作されていても、期待どおりの機能を発揮することはできません。

また、ハンガ・サポートの設計業務をするためには、材料力学の基礎をマスターしておくことが必要です。

本章では、材料力学の基礎、次いで、各種のハンガ・サポートの種類と特徴、サポート配置要領のポイント、防振器の特徴と構造などについて学びます。

8-1 ● サポートの材料力学

ハンガー・サポート設計には材料力学の考え方を理解しておく必要があります。例えば、サポートで吊った配管が不安定にならないよう、サポートポイントまわりの配管自重のモーメントのバランスを考えたり、**図8-1**のような、配管を敷設するために必要な架台、架構の強度設計などに際してです。ここでは、ハンガー・サポート設計に必要となる基本的な材料力学に限定して説明します。

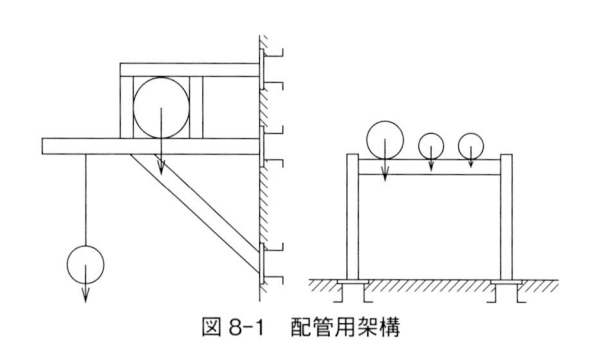

図8-1　配管用架構

（1）サポート用梁と配管
① サポート用梁の強度計算

鉄骨やラックの柱などに、下向き荷重のかかる水平梁の両端を固定したとき、溶接してもその部分は完全な剛体とは言いきれず、また、**図8-2**のように柱のたわみとも相まって固定部が回転するので、サポート用梁の強度計算をするとき、両端固定の場合よりも、応力、たわみ、ともに大きくなる単純支持の式を採用する方がよい。

図8-3に両端固定梁と両端単純支持梁を示します。両端固定梁は梁の両端で垂直荷重と曲げモーメントを受け止めることのできる梁で、両端単純支持梁は梁の両端で垂直荷重を受け止め、曲げモーメントは受け止めることのできない梁です。梁の荷重が、分布荷重であっても、集中荷

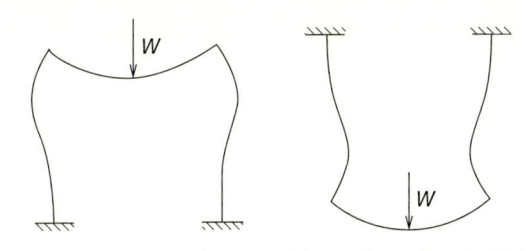

(a) 床より立ち上げる場合　(b) 天井より立下げる場合
図 8-2　サポート用梁のたわみ方

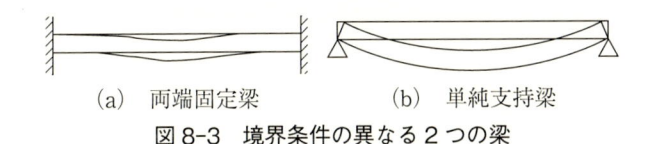

(a) 両端固定梁　　　　(b) 単純支持梁
図 8-3　境界条件の異なる2つの梁

重であっても、梁に発生する最大曲げモーメント（最大曲げ応力）と最大たわみはいずれも単純支持梁の方が大きくなります。

② **連続梁の強度計算**

配管がサポートで支持されている状況は、**図 8-4** のように、連続梁が複数の単純支持で支えられている状況に相当し、ある1スパンを考えるときは、スパン両端の配管支持の仕方は固定支持と単純支持の中間あたりになると考えられます。したがって、1スパン間に生じる曲げモーメントとたわみの式は、それぞれの固定梁の式と単純支持梁の式の中間あたりに来ると考えられます。その中間の式を**図 8-5** の最下段に示します。

なお、配管には、管、流体、保温材のトータル重量である分布荷重と弁などの集中荷重の両方が作用しています。

③ **梁中央の集中荷重と分布荷重の梁の公式**

サポート用梁の強度計算には単純支持の梁の計算式を、そしてサポートで支持された連続する配管の強度計算には両端固定と単純支持の梁の

図 8-4　サポート間の配管のたわみ

中間の式をとるという選択があります。両端固定、単純支持、それらの中間、の各場合の梁に生じる最大曲げモーメントと最大たわみの式を、**図 8-5** に示します。

図 8-5 は、長さ L〔m〕の梁の中央に集中荷重 W〔N〕、または梁全体

		計算式		曲げモーメント線図（BMD）
両端固定	集中荷重	$M = \dfrac{WL}{8}$ $\delta = \dfrac{WL^3}{192EI}$	(8-1) (8-2)	
両端固定	分布荷重	$M = \dfrac{wL^2}{12}$ $\delta = \dfrac{wL^4}{384EI}$	(8-3) (8-4)	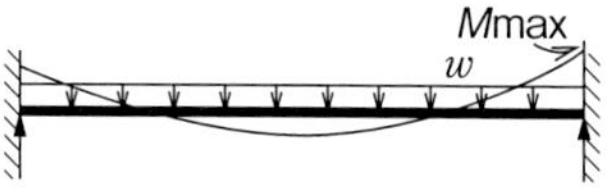
単純支持	集中荷重	$M = \dfrac{WL}{4}$ $\delta = \dfrac{WL^3}{48EI}$	(8-5) (8-6)	
単純支持	分布荷重	$M = \dfrac{wL^2}{8}$ $\delta = \dfrac{5wL^4}{384EI}$	(8-7) (8-8)	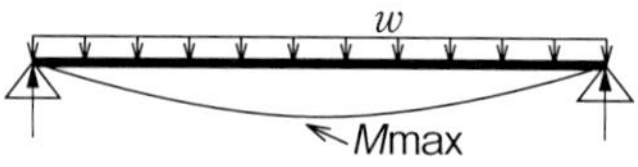
図 8-4 のような配管の場合：分布荷重の両端固定と単純支持の中間とした場合の曲げモーメントとたわみの計算式（注参照）		$M = \dfrac{1}{2}\left(\dfrac{wL^2}{12} + \dfrac{wL^2}{8}\right) = \dfrac{wL^2}{9.6}$ $\delta = \dfrac{1}{2}\left(\dfrac{wL^4}{384EI} + \dfrac{5wL^4}{384EI}\right) = \dfrac{3wL^4}{384EI}$	(8-9) (8-10)	

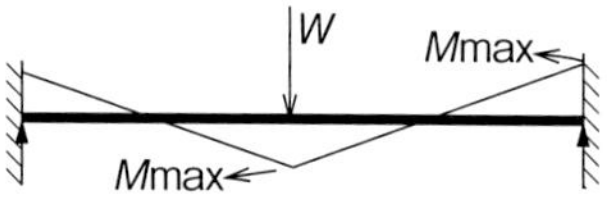

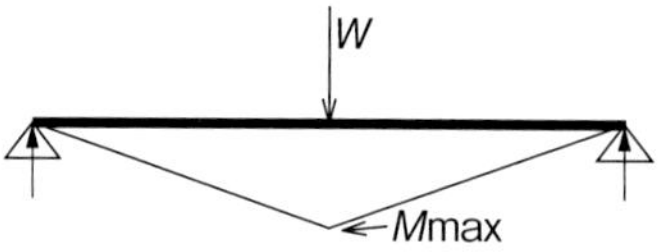

〔注〕 式 (8-3) と式 (8-7) の平均値をとると、式 (8-9) が、式 (8-4) と式 (8-8) の平均値をとると、式 (8-10) が得られます。

- 米国の参考書、Piping and Pipeline Engineering George A. Antaki 著によれば、単純支持の連続梁の最大モーメントを $M = \dfrac{wL^2}{9.3}$、最大たわみを $\delta = \dfrac{2.5wL^4}{384EI}$ としており、式 (8-9)、式 (8-10) に近い。

図 8-5　梁の最大曲げモーメント M と最大たわみ量 δ の計算式

に分布荷重 w〔N/m〕がかかった場合の、最大曲げモーメント M〔N・m〕と最大たわみ量 δ〔m〕の計算式を示します。最大曲げモーメント M と最大たわみ量 δ は集中、分布いずれの場合も、単純支持の方が大きくなります。なお、E は縦弾性係数、I は断面二次モーメントです。

断面二次モーメントについては、5-7 の"豆知識"（p.126）参照。

④ 任意の荷重に対する梁、配管の強度計算方法

集中荷重が梁中央以外のところにある場合や、分布荷重と任意の位置の集中荷重が同時に梁にかかるような場合は、曲げモーメントと力のバランスの式を立て、せん断力図（SFD）、曲げモーメント線図（BMD）を描き、その助けも借りて最大曲げモーメントの生じる位置とその値を求めます。

SFD は梁の各位置に内力として存在するせん断力の大きさを梁に沿って描き連ねたもの、BMD は同じく内力として存在する曲げモーメントの大きさを描き連ねたものです。BMD の例は図 8-5 に示されています。

SFD と BMD の描き方の手順を説明します。

なお、外力は P（垂直荷重）、T（曲げモーメント）、内力はそれぞれ F（垂直荷重）、M（曲げモーメント）で表示するものとします。

（イ）　梁の左端を原点、$x = 0$ とし、x 軸を梁に沿って右方向へ伸ばします

（ロ）　外力の作用点を境界として、原点から各境界までを1つの区画とします（**図 8-6** の A、B、C、D）

（ハ）　左方の区画、A から B、C、D の順に作業を始めます

（ニ）　各区画の任意の位置 x で、梁を仮に分断し、左右の梁に分けます。図 8-6 のハッチング部は、例として、区画 C の $b < x \leqq c$ において分断された、左側の梁を示します。

（ホ）　その左側の梁で考えます。左側の梁の右端の断面の内力を $-F_x$、M_x とすれば、これらを外力として、左側の梁は力学的に平衡状態でなければなりません。

（ヘ）　区画 C のハッチング部を例に平衡式を立てます。

図 8-6　梁の区画

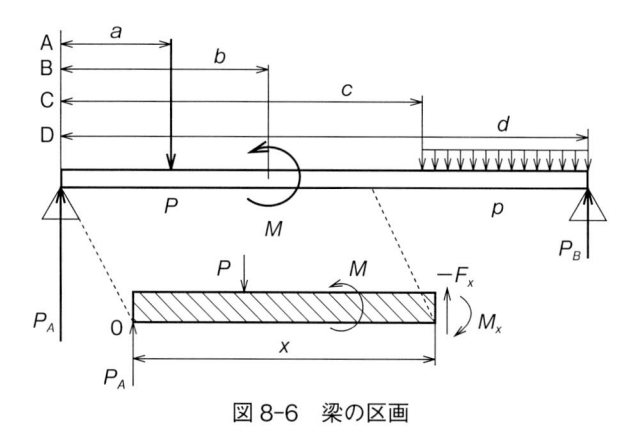

y 方向の力：$P_A + P - F_x = 0$

梁の右端まわりのモーメント：$P_A \cdot x + P(x-a) + M_x = 0$

（ト）　上記の F_x、M_x を求め、基準線を 0 の線として、+ は上側に－は下側にプロットして、区間 C の、区間 B を超える部分の BMD、SFD を描きます

荷重の正負と SFD と BMD 上における内力の変化の関係に、**図 8-7** に示す一般的な性質があります。SFD と BMD の線図を描く際、これらの性質を活用します（これらは約束ごとなので、すべての +、− を入れ替えることもできます。事実、そのような参考書も多い）。

次の例題により、その SFD、BND の描き方を習得する。

⑤　**例　題：**

図 8-8 のような荷重がかかる両端単純支持梁の最大曲げモーメントの位置と値を求めます。

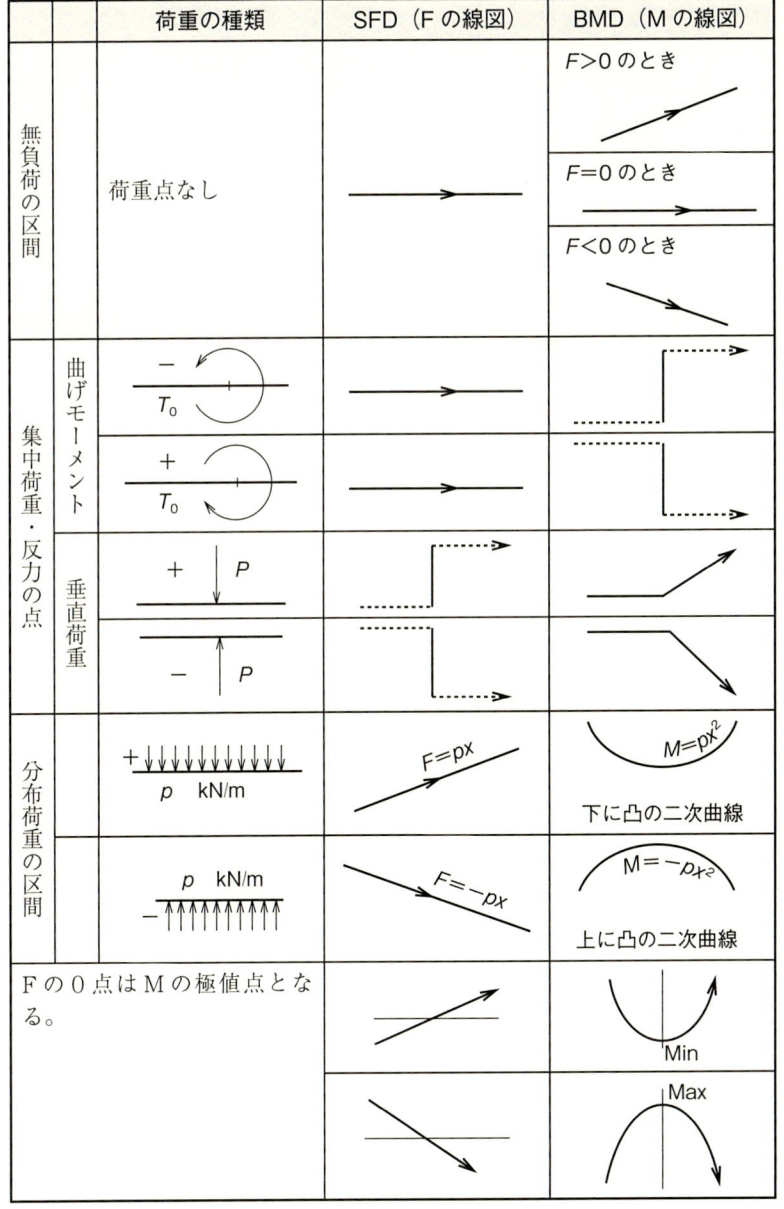

荷重の種類		SFD（Fの線図）	BMD（Mの線図）
無負荷の区間	荷重点なし	→	$F>0$ のとき ↗ $F=0$ のとき → $F<0$ のとき ↘
集中荷重・反力の点	曲げモーメント $-\ T_0$	→	⌐
	曲げモーメント $+\ T_0$	→	⌐
	垂直荷重 $+\ P$（下向き）	段差↑	↗
	垂直荷重 $-\ P$（上向き）	段差↓	↘
分布荷重の区間	$+\ p$ kN/m（下向き↓↓↓）	$F=px$ ↗	$M=px^2$ 下に凸の二次曲線
	$-\ p$ kN/m（上向き↑↑↑）	$F=-px$ ↘	$M=-px^2$ 上に凸の二次曲線
Fの0点はMの極値点となる。		↗	Min（下に凸）
		↘	Max（上に凸）

図 8-7　BMD、SFD の描き方

図 8-8　梁の最大モーメントを求める

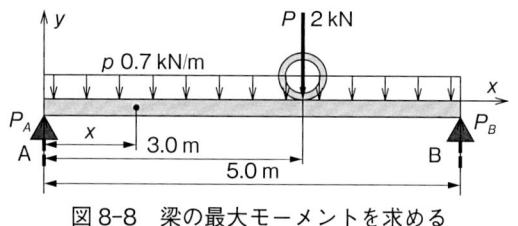

〔解　答〕

（イ）　最初に「力と曲げモーメントの総和は0になる」という力学の法則を式に立て、A点、B点の反力 P_A、P_B を求めます。なお、A点、B点は単純支持ですから、A点、B点まわりの曲げモーメント M_A、M_B は0です。

A点まわりの曲げモーメントが0である式を立てます。

$$5 \times P_B + 3 \times 2 + \frac{5}{2} \times 0.7 \times 5 = 0 \quad (注：A 点から見て荷重 P も p も$$

時計まわりのモーメントとなるから、図8-7より、+記号になる）

$\therefore P_B = -2.95 \,〔\mathrm{kN}〕$

梁に垂直の荷重の平衡の式は、

$P + 5p + P_A + P_B = 0$　ですから、

$P_A + (2 + 0.7 \times 5) - 2.95 = 0$

$\therefore P_A = -2.55$

（ロ）　$0 \leq x < 3$ の範囲を考えます。

　　梁の任意の位置を、$x = 0$ であるA点からの距離 x で表します。

　　任意の位置 x の内力、F_x、M_x を求めるため、図8-8の梁を、**図8-9**のように距離 x の位置で分割します。分割したところの内力を F_x、M_x とし、それぞれの梁の外力と考えれば、分断された左右の梁はいずれも平衡状態にあり、どちらか1つの梁を考えればよい。ここでは左側の梁（ハッチンした梁）で考えます。

梁に垂直の力の平衡式を立てると、

$P_A + px - F_x = 0$ 　　　　　　　　　　　　　　　　　　　　$(8\text{-}11)$

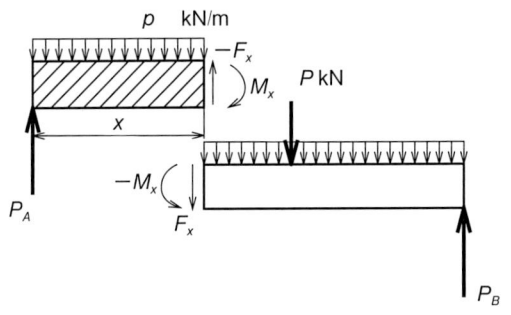

図 8-9　$0 \leq x \leq 3$ の梁の内力

同じように、梁右端のまわりの曲げモーメントの平衡を式に表します。

$$P_A \cdot x + \frac{x}{2}px + M_x = 0 \tag{8-12}$$

力やモーメントの符号は図 8-7 に従い判定します。

式 (8-11) は $-F_x - 2.55 + 0.7x = 0$ となり、

$$F_x = 0.7x - 2.55 \tag{8-13}$$

$x = 3$ 〔m〕では、$F_3 = -0.45$ 〔kN〕

式 (8-12) は、

$$M_x - \frac{0.7}{2}x^2 + 2.55x = 0$$

となり、(注：梁右端より見て $P_A \cdot x$ は時計まわりだから +、$(x/2)\,p \cdot x$ は反時計まわりだから - 記号となる)

$$M_x = \frac{0.7}{2}x^2 - 2.55x \tag{8-14}$$

$x = 3$ 〔m〕では $M_3 = -4.5$ 〔kNm〕

(ハ)　次に $3 \leq x \leq 5$ の範囲を考えます。

　$3 \leq x \leq 5$ では、**図 8-10** のようになります。右側の梁は省略してあります。

　梁垂直方向の力の平衡式を立てると、

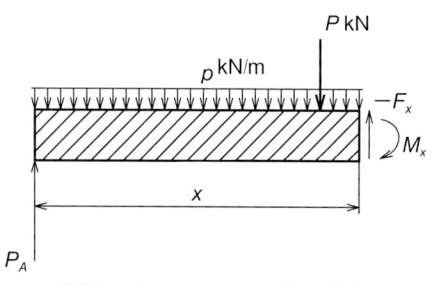

図 8-10　$3 \leq x \leq 5$ の梁の内力

$-F_x - 2.55 + 0.7x + 2.0 = 0$ より

$F_x = 0.7x - 0.55$ (8-15)

$x = 3$〔m〕では、$F_3 = 1.55$〔kN〕

$x = 5$〔m〕では、$F_3 = 2.95$〔kN〕（検算）

梁の右端まわりのモーメントの平衡を式に表す。

$M_x - (0.7/2)x^2 + 2.55x - 2(x-3) = 0$ より

$M_x = (0.7/2)x^2 - 0.55x - 6$ (8-16)

$x = 3$〔m〕では、$M_3 = -4.5$〔kNm〕（検算）

$x = 5$〔m〕では、$M_3 = 0$〔kNm〕（検算）

（二）式（8-13）と式（8-15）からSFDが、式（8-14）と式（8-16）からBMDが、**図 8-11**のように作成できます。

図 8-11 より、M_x の最大値は $x = 3$〔m〕で $M_x = 4.5$〔kNm〕です。

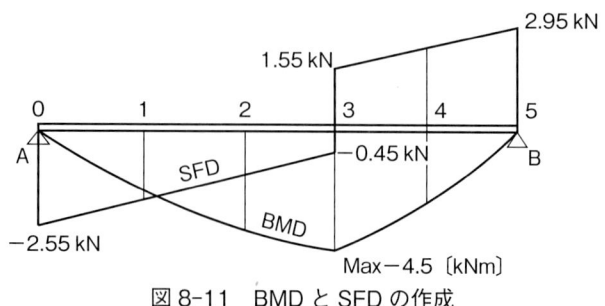

図 8-11　BMD と SFD の作成

8-2 ● ハンガ・サポート

（1）配管支持装置の種類

配管を支持する装置は大きく分けて3つあります。荷重を支えるためのハンガ・サポート、配管の振動や揺れを抑制したり、拘束する防振器、そして、振動や配管の熱膨張による伸びを拘束するレストレイントです（図8-12参照）。

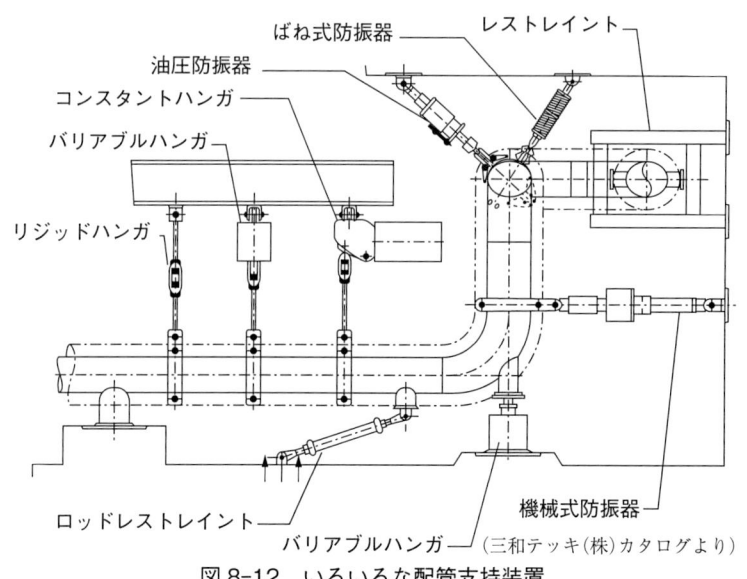

図8-12 いろいろな配管支持装置
（三和テッキ㈱カタログより）

（2）サポートスパンに関する原則

配管のサポートポイントを位置決めするための、これといった通則は存在しません。設計者は適切なハンガ位置を決める場合、ケースバイケースで、自分の判断でなさねばなりません。

サポートスパン（サポート間隔）を決める判断基準となるのは、一般には、配管重量により管に生じる長手方向応力とたわみ量です。たわみ

量は管の最も下がったところに溜まるドレンにより、運転、保守に悪影響がないようにしなければなりません。

米国の製造者標準化協会の MSS SP58 Pipe Hangers and Supports-Materials, Design, Manufacture, Selection, Application, and Installation および ASME B 31.1 Power Piping には、"提案された最大サポートスパン"の表が記載されていますが、そのスパンは発生応力約 15 MPa 以下、および配管にドレン勾配がついているとして、たわみ量 2.5 mm まで許せる、という条件に基づいたものです。

集中荷重がある場合は、曲げ応力を最小とするため、できるだけその荷重に近づけてサポートします。また、曲りによる方向変更のある場合は、曲り部がサポートより張り出して片持ち梁となるので、ハンガ間の管展開長さを直管の場合より短くし、かつサポート点は曲がり近くに置きます。

(3) サポートの種類

ハンガとサポートの意味の区分けはあまり明確ではありませんが、一般に、ハンガは上から吊るもの、サポートは下から支えるものとして使われています。広義の意味のサポートは、ハンガとサポート両方を含み、さらに拘束することが目的のレストレイントなども含む、というのが一般的です。

荷重を支えるサポートの種類としては、コンスタントハンガ、バリアブルハンガ（スプリングハンガともいう）、リジッドハンガがあります。それらの特徴を**表 8-1** に示します。

(4) サポート位置と形式の選定要領と注意事項

サポート位置と形式の選定を的確に行えるようになるには、かなりの経験年数を要しますが、ここでは一般的な原則を述べます。

（イ）　適切なサポートスパンに従い、サポートの位置を決めます。

（ロ）　弁などの集中荷重があるときは、集中荷重に隣接してサポート

表 8-1　サポートの種類

リジッドハンガの特徴

　リジッドハンガは通常、垂直方向に動かない配管に使用する。構造は、ロッド、またはスタンド（スタンションともいう）で吊ったり支えたりする構造で、据付け時にターンバックルにより、長さの調整はできるが、管の伸びに対し、伸縮はできない（**図 8-13**）。

　リジッドハンガは垂直方向の伸びを止めるレストレイト（拘束）としても使われるが、その場合は、その位置の選定と荷重（配管重量のほかに、配管の伸びを拘束する荷重が加わる）に特別の注意が必要である（応力解析が必要となる）。

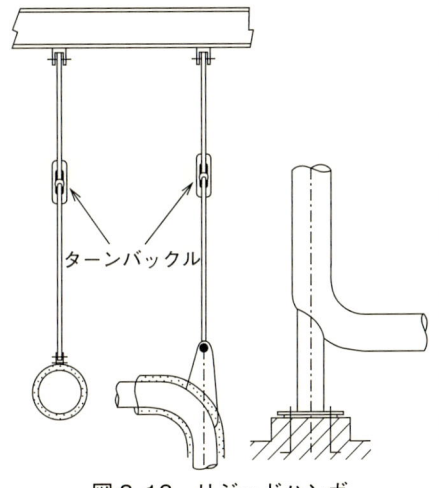

図 8-13　リジッドハンガ

バリアブルハンガの特徴

　垂直移動をする配管に使用されるが、**図 8-14** のように管が垂直方向に移動すると、その移動量だけばねが伸縮するので、ハンガが支持する荷重は垂直移動量 δ とばね定数を掛けた量だけ変化する。

　配管の荷重は一定なので、変化した荷重は配管が接続する機器や隣接のハンガに転移し、また管に付加的な応力が生じる。一般に、垂直方向の伸びがほぼ 10 mm を超え、ハンガ荷重の変動率
　　{＝(荷重変動量／ハンガ荷重)×100}
が 25 % 以下、また、垂直伸びは条件にもよるが、50 mm または 75 mm 程度まで使える。

　スプリングのばね定数の小さいバリアブルハンガを使えば、変動荷重を小さくできる。

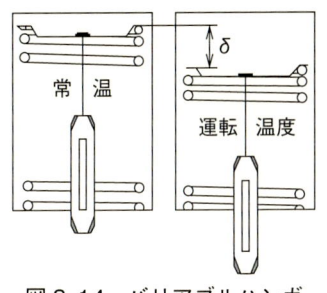

図 8-14　バリアブルハンガ

> **コンスタントハンガの特徴**
>
> 　垂直方向の伸び、縮みに対し、支持荷重が変わらないハンガ。その仕組みは各種あるが、**図 8-15** は最も一般的な方法である。［ばね力 F と、L 形クランク回転軸までの距離 d の積］と［ハンガ荷重 P と、同回転軸までの距離 D の積］が常に等しいようにハンガを設計すれば、配管の垂直方向の移動に対し荷重は一定となる。
>
> 　コンスタントハンガは、重要な配管系の、接続機器や隣接のハンガにその荷重が転移するのを避けたい箇所、バリアブルハンガでは変動荷重が 25 % を超えてしまう箇所、または、垂直伸びが、条件にもよるが、50 mm または 75 mm を超えるところで使う。コンスタントハンガは校正された荷重の最小 ±10 % の調整が現地でできるようにしている。
>
> （構造の例）
> L字形クランク
> $Fd=PD$
> ハンガ荷重
> 回転軸
>
> **図 8-15 コンスタントハンガ**

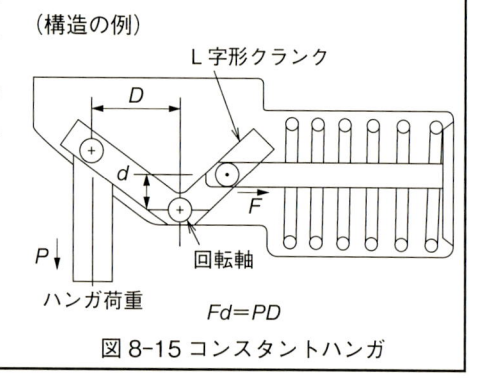

を設け（管に発生する曲げ応力を最小にするため）、サポートスパンも小さ目にします。

（ハ）　変動荷重により機器ノズルの許容荷重を超えるようなときは、超えないように、ばね定数の小さいバリアブルハンガを使います。それでもだめなときは、コンスタントハンガを使います。また、荷重変動率や垂直伸びが大きすぎる場合は、コンスタントハンガを使います（表 8-1 参照）。

（ニ）　垂直管には 2 個所以上のサポートを設け、内 1 個所はリジッドハンガとし、そこを中心として垂直管を上下に伸ばすようにするのが望ましい。

（ホ）　管が接続する機器ノズルの許容荷重が非常に小さい場合は、モーメントのバランスからノズルにかかる荷重が 0 に近くなるようなサポートポイントを見つけます（手計算、または計算ソフト使用）。

(ヘ) 不必要にコンスタントハンガを多用しない。コンスタントハンガは一定の荷重しか受けることができないので、実際の配管重量が予測重量と食い違っていた場合、その差の重量が、数少ないコンスタントハンガ以外のサポートおよび機器ノズルに掛かり、好ましくない荷重配分になる可能性があります。

(ト) 一般にコンスタントやバリアブルハンガの多い"やわらかい配管"は振動しやすい。したがって、不必要なフレキシビリティを与えず、適切なリジッドハンガやレストレントの設置も考慮します。

(チ) ハンガロッドが短く、管の水平方向の伸びが大きい場合、図8-16のように、ロッドにかかる荷重が大きくなり、配管も上方へ移動（Δ）し、また管に水平分力（F）が働くが、垂直からの振れ角度4°以下であれば、特別の配慮はいりません。4°を超える場合は、ローラなどで、管の水平移動を逃がすか、または、水平分力と垂直方向の変位を配管および支持装置の設計に考慮します。

ハンガに設けたローラに管を乗せる場合、保温がある管では保温を傷つけないよう、管に保温厚さ以上のサドルを設置すること（図8-16 参照）。

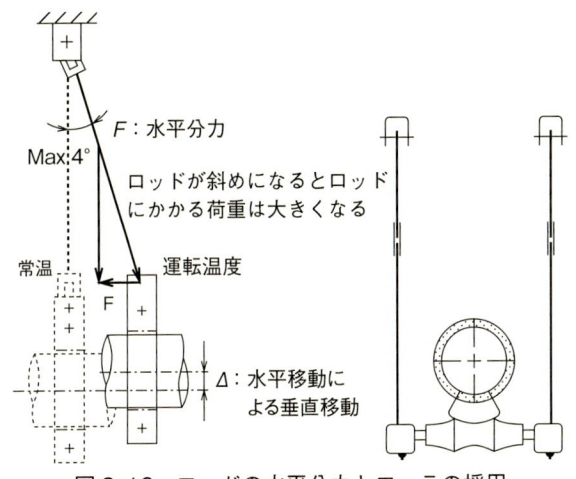

図 8-16　ロッドの水平分力とローラの採用

8-3 ● レストレイント・防振器

　レストレイントと防振器は、配管の熱膨張による移動や配管の振動（配管の機械的振動と地震による配管の揺れ）を拘束、または抑制するものです。その種類と用途をまとめると、**表 8-2** のようになります。

表 8-2　レストレイントと防振器の種類と用途

分　類		用　途
レストレイント	アンカ、ガイド、ストッパなど	配管熱膨張による伸びを完全固定、または特定方向の伸びを拘束。配管の機械的振動、地震の揺れの拘束
防振器	ばね式防振器	配管の機械的振動の拘束、抑制
	オイルスナッバ	地震の揺れの拘束

（1）レストレイントの種類

　レストレイントを分類すると、**図 8-17** になります。
　アンカは、拘束条件としては完全固定で、機器との取合い点のほか、複雑な配管を分割して解析する際の境界点に設けたり、剛性を高めるた

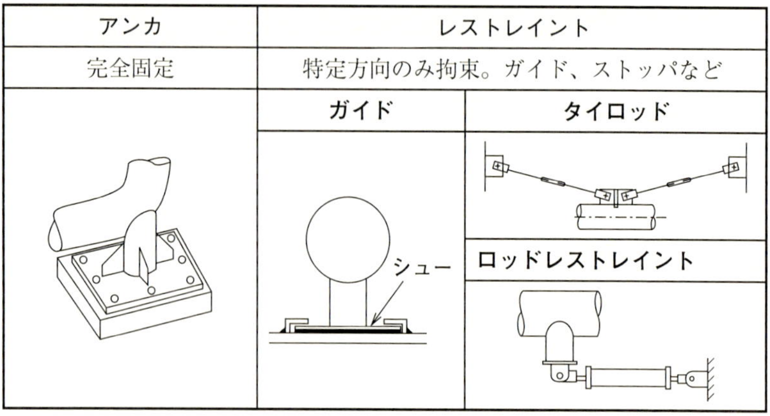

アンカ	レストレイント	
完全固定	特定方向のみ拘束。ガイド、ストッパなど	
	ガイド	タイロッド
	シュー	ロッドレストレイント

図 8-17　レストレイントの種類

め、配管の途中に入れることもあります。

　ガイドは通常、管軸方向の伸びを許し、軸直角方向の伸びを拘束するもの。

　ストッパは軸方向伸びを拘束し、軸直角方向の伸びを許すものを指す。

　タイロッドは座屈には弱いので、ロッド2本を対向させ、拘束方向にできるだけ平行に設置します。

　ロッドレストレイントは、座屈にも耐えるよう、剛性を増した棒状のレストレイントで1本を拘束方向に合わせて設置します。

（2）　ばね式防振器の種類と用途

　ばね式防振器は、ばね力を利用して振動を抑制、または拘束します。

　ばね式防振器には、ばね1個使用のタイプとばね2個使用のタイプがあり、性能が異なる。ばねにあらかじめ圧縮荷重をかけておくと、ばね1個のタイプは、その圧縮荷重以内の外荷重に対し、振動を拘束し、またばね2個のタイプは、拘束はしないが、一定振幅以内の振動に対する抑制力が倍加します。ばね1個タイプとばね2個タイプのばね式防振器が振動を抑制するメカニズムを図8-18に示します。

　ばね1個のタイプ：外部からの荷重が、ばねにあらかじめ掛けたプリロード（初期圧縮荷重）範囲内の場合、防振器はリジッドとなります（図8-18の（A）参照）。すなわち、振動荷重がプリロード以内であれば、理想的には振動を静止できます。しかし、プリロードを必要以上に大きくすると、配管の伸びを、より拘束するので、熱膨張応力、反力が大きくなります。

　用途は配管の機械振動拘束、抑制用。

　プリロードを掛ける手順（図8-18の（A）参照）：ばねの初期圧縮量調整はアジャスタで行います。アジャスタの外側とケースのふたの内側にねじが切られており、これがかみ合っています。アジャスタを回すと、アジャスタをケースの中へ、ばねの初期圧縮量分、押し込んでいき、ばねを圧縮していく。すると、ばね座Aとロックナットの間に隙間が生じ

るので、隙間がなくなるように、ロックナットを締めこみます。これでプリロードのセットが完了します。

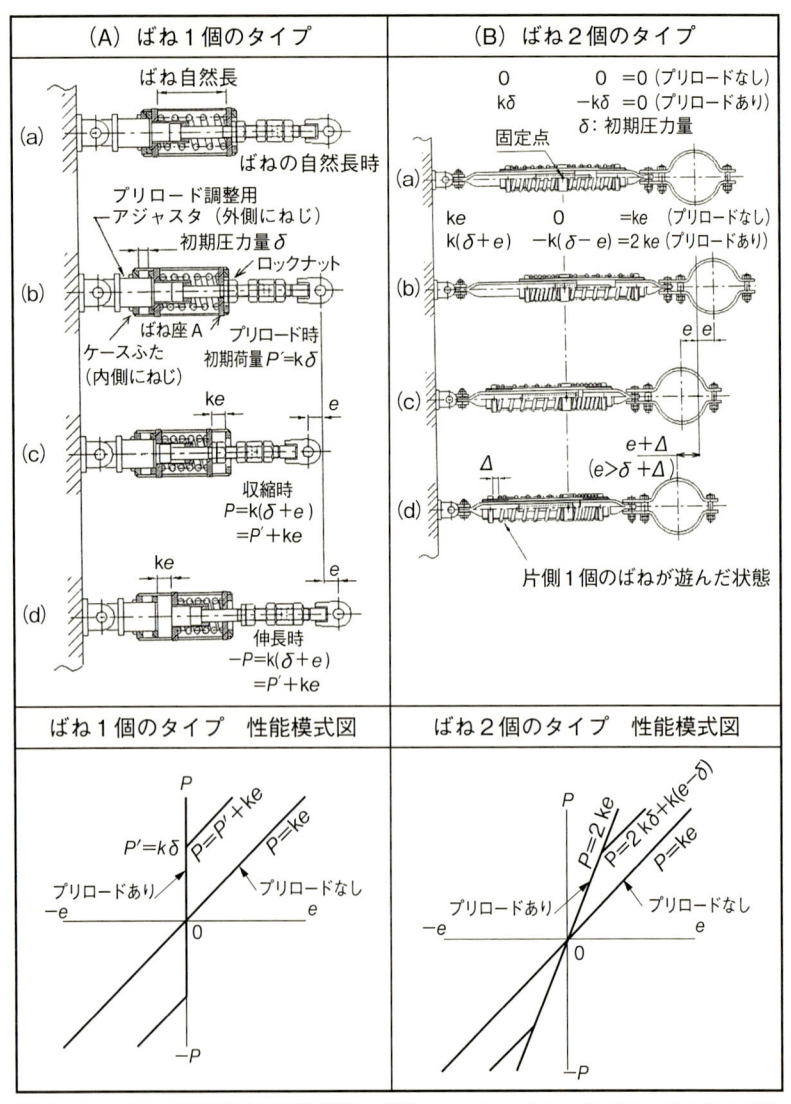

図8-18 ばね式防振器の振動抑制力発生のメカニズム （図は日本発条(株)提供）

ばね2個のタイプ：ばねに掛けたプリロード範囲内の荷重に対し、ばね定数が2倍になり、振動の抑制力が倍になります（図8-18の（B）参照）。しかし振動を抑え込むことはできません。プリロードを必要以上に大きくすると、より広い範囲で配管の伸びを、抑えることになるので熱膨張応力、反力が大きくなります。用途は主に船舶用配管の揺れ止め用に使われます。

（3）オイルスナッバのメカニズムと特性

オイルスナッバには、耐震用と安全弁吹き出し用の2種類があります（図8-19参照）。

耐震用オイルスナッバは配管の地震の揺れを防止するのが目的です。

オイルスナッバがばね式防振器と大きく異なる点は、オイルスナッバは振動のように動きの速い動きは拘束しますが、熱膨張のようにゆっくりした動きは拘束しないことです（ばね防振器は振動の振幅も、熱による変位も、抑制または拘束します）。

また、配管の機械的振動のように数mm以下の小さな振動は、オイルスナッバの特性上、拘束できません。

なお、油を使わない機械式スナッバというものがあり、性能的にはオイルスナッバとほぼ同じですが、メンテナンスの手が掛からないことから、原子力発電所の配管に使われています。

オイルスナッバ（耐震用）	オイルスナッバ（安全弁吹出用）
配管と連動するピストンが振動時に油の充填されたシリンダ内を移動。シリンダ両側からアキュムレータを繋ぐ各回路にブリード溝（油を逃がすための小さな溝）付のポペット弁を設置。ポペット弁はばねで開になっており、ゆっくりしたピストンの移動には抵抗力を持たない。急激な動きに対し発生する油圧により、弁が閉まり抵抗力を発揮する。ブリード溝を少量の油が通ることにより、ゆっくりした動きには追随する。	耐震用と異なる点は、スナッバの引張方向にのみポペット弁がついているため、圧縮方向に制振力を発揮しない。また、弁にブリード溝がないので、弁閉鎖後、負荷がかかっておりピストンはロック状態にある（拘束を維持）。負荷がなくなると、弁が開き、元へ戻る。オイルスナッバは、安全弁が吹いたとき、引張力が働く方向に取り付ける。

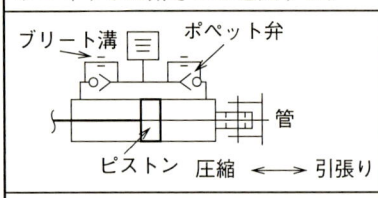

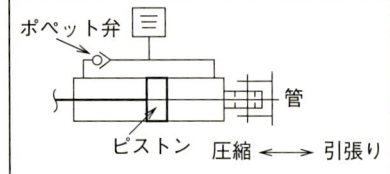

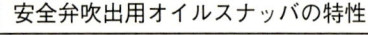

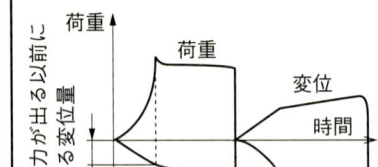

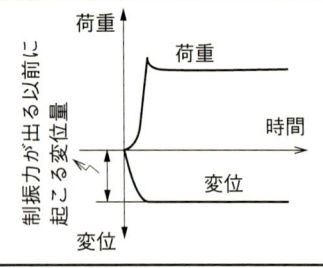

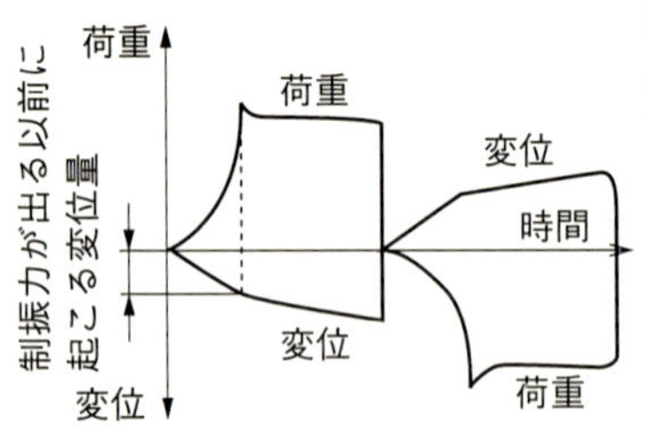

図 8-19　オイルスナッバ　（日本発条(株)カタログより抜粋、(一部加筆)）

参考書

(1) Piping Stress Engineering　第 6 章 Liang-ChuanPeng, Tsen-Loong Peng 共著 ASME　Press、2009 年発行。

(2) 日本発条（株）配管支持装置総合カタログ

第9章

伸縮管継手

　配管の熱膨張により発生する応力を軽減する方法として、配管のフレキシビリティによる方法（第3章）と本章で扱う伸縮管継手による方法とがあります。

　伸縮管継手には多くの種類があり、配管技術者は目的に適った最も適切な伸縮管継手の選択、あるいは伸縮管継手の組み合わせの選択をしなければなりません。

　本章では、各種のベローズ形伸縮管継手とフレキシブルチューブの特徴、選択、内圧により発生する推力の対処法、使用上の注意などについて学びます。

9-1 ● 伸縮管継手の種類と構造

(1) 伸縮管継手とは

伸縮管継手は、流体の通る管路部が自由に伸縮したり、曲がること（角変位）のできる管継手のことで、熱膨張による変位、地盤沈下や地震により生じる相対変位などを吸収するのに使われます。（図 9-1 参照）。

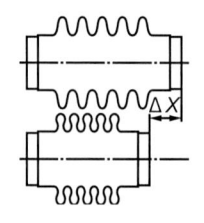

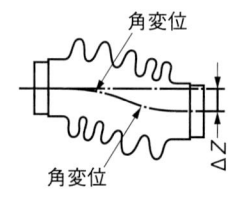

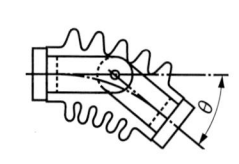

(a) 軸方向変位吸収　　(b) 軸直角方向変位吸収　　(c) 角変位吸収

図 9-1　伸縮管継手が吸収する変位

これらの変位吸収には、配管のフレキシビリティ（第 3 章参照）も有効ですが、伸縮管継手の方が選択されるのは、次のような場合です。

① 流体の性質上、例えば、固着の恐れから配管の引き回しができない高粘度流体の場合。この場合、伸縮管継手は内部に液体が滞らないように、垂直またはそれに近い姿勢に設置します
② スペース上の制約、などから配管ループがとれない場合
③ コスト的に配管のフレキシビリティによる場合より安い場合

伸縮管継手は壁が波状（図 9-1 参照）の、金属製またはゴム製の筒を使ったものがその代表的なものです。ほかに、接触面の滑り（スライド）を利用したものがあり、直管部の滑りは伸縮（構造によっては、角変位も可）ができ、球面部の滑りは角変位ができます。

(2) スライド式伸縮管継手の種類

スライド式伸縮管継手に属する主な形式を図 9-2 に示します。

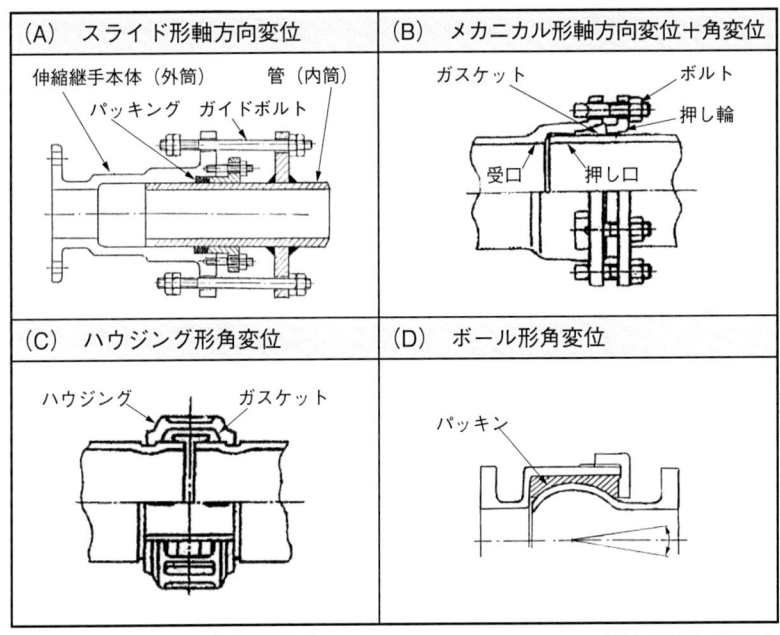

図9-2 スライド式伸縮管継手　(B、Cの図の出典：JIS B 0151「鉄鋼製管継手用語」)

　図9-2の(A)は外筒と内筒（ハッチング部）のスライドにより伸縮できます。(B)は角変位と若干の伸縮ができ、埋設管の地盤沈下などに対応できます。(A)と(B)は内圧により生じる推力を受け止める何らかの外部的措置を取らねばなりません。(C)も機能は(B)に似ているが、ボルトで締結される2つ割れのハウジングの両端が管の溝にはまっているので、推力（後述）によるすっぽ抜けが防止できます。(D)は球面におけるガスケットとの滑りにより、角変位のみできます。摺動面が球面のため、推力によるすっぽ抜けは防止できます。

(3) ベローズ式伸縮管継手の種類と構造

　ベローズ式伸縮管継手は、薄い金属（多くは18Ni-8Cr系ステンレス鋼）を波形（コルゲート状）に成形したベローズにより、図9-1のように変形することにより、軸方向変位、角変位、そして角変位の組合せに

より、軸直角方向変位が可能です。ねじりの変位はベローズの構造上吸収できません。

ベローズは、厚さ 0.6 mm ～ 1.5 mm 程度の薄い鋼板を液圧やロールにより成形したものです。高い圧力用に板を 2 枚重ねあわせたもの（2 プライと言う）のもあります。1 枚ものと 2 枚重ねのものの厚さが同じ場合、耐圧的には同じだが、ベローズのばね定数は 2 枚ものの方がずっと

単式ベローズ形	ユニバーサルジョイント形
1 連の山谷のあるベローズ 1 組からなる、最も基本的なもの。推力を受けるものがないので、推力受けを設置せねばならない。軸方向変位と角変位を吸収できる。軸直角方向変位の吸収はできるが、軸方向と比べると小さい。 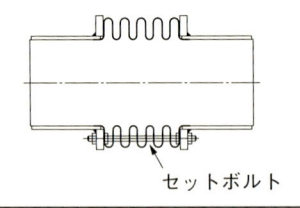	2 組のベローズが、ある長さの管を挟み、管継手両端をタイロッドで連結したもの。ロッドにより伸縮できないが、推力はロッドを介して相殺される（9-2（2）参照）。軸直角方向の変位を吸収できる。挟む管の長さを大きくすれば、大きな変位（y）を吸収できる。 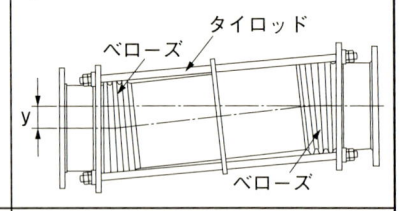
圧力バランス形	ヒンジ、ジンバル形
伸縮用のベローズとは別に圧力バランス用のベローズとタイロッドを有する。曲り用（上側の図）と直線用（下側の図）の 2 種類がある。軸方向変位のほかに、曲り用は軸直角方向の変位も吸収する（ユニバーサルと同様の動き）。圧力がバランスするメカニズムは 9-2（3）参照。	ピンとヒンジアームによりセンターライン上の面間寸法を保持しているので、伸縮はできないが推力は相殺される。 ヒンジ形（上側の図）はピンを回転中心とする角変位が可能。ジンバル形（下側の図）は直交する 2 組のピンを有し、おのおの回転中心となるので、ジャイロスコープのように任意の方向の角変位を吸収できる（ねじりは不可）。

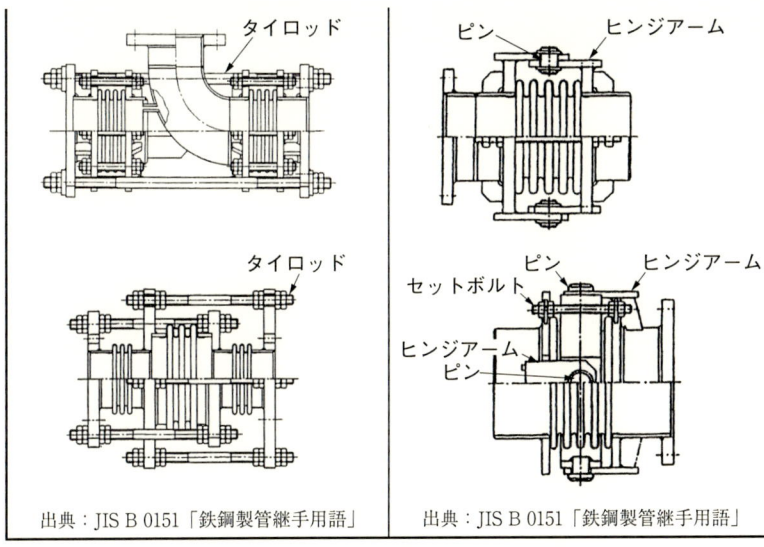

図 9-3　ベローズ伸縮管継手の主な種類

小さくなるというメリットがあります（ばね定数が大きいと、変位したときのばね反力が大きくなる）。

ベローズ伸縮管継手の主な種類を図 9-3 に示します。

（4）　軸直角方向変位の対処法

配管の軸方向と直角をなす方向への変位はその量により、単式ベローズでは対処しきれない場合も多い。その場合には、ユニバーサルジョイント、ヒンジ形、ジンバル形を図 9-4 のように使い、対処します。2つのベローズに挟まれる短管長さを増せば、より大きな直角方向変位に対処できます。

ユニバーサルジョイント形	ヒンジ形	ジンバル形
軸を通る任意平面内の軸直角方向変位に対応。	軸を通る一平面内の軸直角方向変位に対応。	軸を通る任意平面内の軸直角方向変位に対応できる。

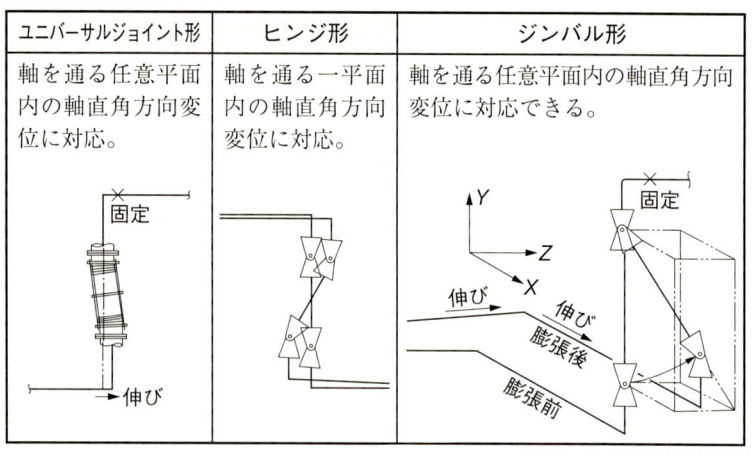

図 9-4　軸直角変位の対処法

用語解説

伸縮管継手に使われる各種ボルト、ロッド

シッピングボルト：出荷から据付けまでの間、ベローズ管継手の決められた面間長さが変化しないように保持するための器具。据付完了後、取り外す。

セットボルト：ベローズ管継手が設計上のプリセット量（9-3参照）にセットされるよう調整するボルト。シッピングボルトを兼ねてもよい。

リミットロッド：1組のベローズのある伸縮管継手の変位を制限するためのもの。

コントロールロッド：複数組のベローズのある伸縮管継手（例えば、ユニバーサルジョイント）において、各ベローズの変位が偏らないように、各ベローズの変位を制限するもの。

タイロッド：内圧により発生する軸方向の推力を常時支持するもの。

9-2 ● 推力の大きさとその対処方法

（1）推力の大きさ

　内圧のある管は内圧によって壁に垂直な方向に圧力を受け、壁を外側へ押し出そうとするが、押し出されないのは管に剛性があり、管の壁に応力が生じて、押し出す力に対抗しているからです（2-1（2）(p.22)参照）。

　管に伸縮管継手を設けると、伸縮管継手は剛性がなく、内力を保持できないため、伸縮管継手は軸方向に分断されようとし、破損またはそれに近い状態になります。この分断しようとする力を推力と呼びます。したがって、伸縮管継手自体にタイロッドまたはピンを設けるか、管継手外部にアンカを設け、推力を受けてやらねばなりません。

　内圧により管に発生する推力 F の大きさは（内断面積×内圧）であるが（2-2（3）③ (p.26) 参照）、ベローズ形伸縮管継手の場合、内断面積はベローズ部分の平均直径 D_m の面積をとり（**図 9-5** 参照）、

$$推力 \ F = \frac{\pi}{4} D_m^2 \times P \qquad (9\text{-}1)$$

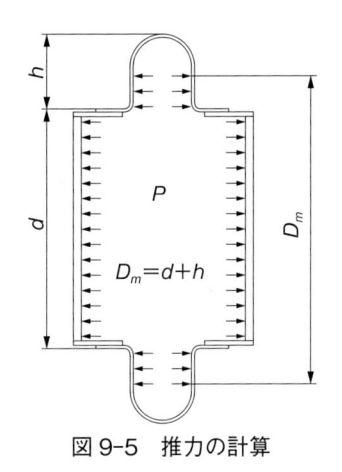

図 9-5　推力の計算

となる。P は内圧。

推力は口径が大きくなると、非常に大きくなります。例えば、D_m が 2 m、内圧が 0.3 MPa とすると、推力は、940 kN（94 トン）になります。この推力を外部のアンカで受けようとすると、土木工事が必要なほど大掛かりなものとなるでしょう。

（2） 推力の対処法

ベローズに限らず、配管の途中に"剛でない"部分があれば、分断し、引き離そうとする推力が外力として発生します。この推力を①ロッド、ピンなどにより、ロッドの内力として閉じ込めるか、②外力として外部アンカで受け止めるか、いずれかの処置が必要となります。

① 管継手内で処置する方法：内力を生じさせて外力とバランスさせ、外力を消す。方法は、管継手の剛でない部分を挟み、両側の剛体部をロッドやヒンジアーム／ピンで連結し、推力と同量の反対方向の力をそれらに生じさせ、両者をバランスさせます（**図 9-6 参照**）。

　タイロッドを使ったものにユニバーサルジョイント、圧力バランス形伸縮管継手があり、ヒンジアーム／ピンを使ったものにヒンジ形とジンバル形伸縮管継手があります。

② 外部アンカで推力を受ける方法：例を **図 9-7** に示す。

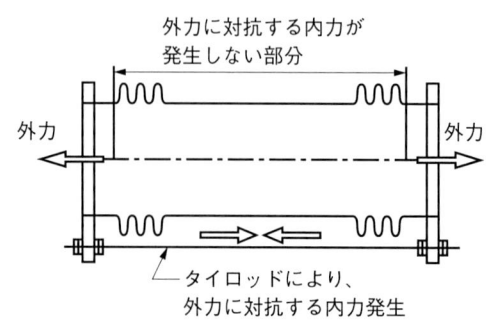

図 9-6　タイロッドによる推力のバランス化

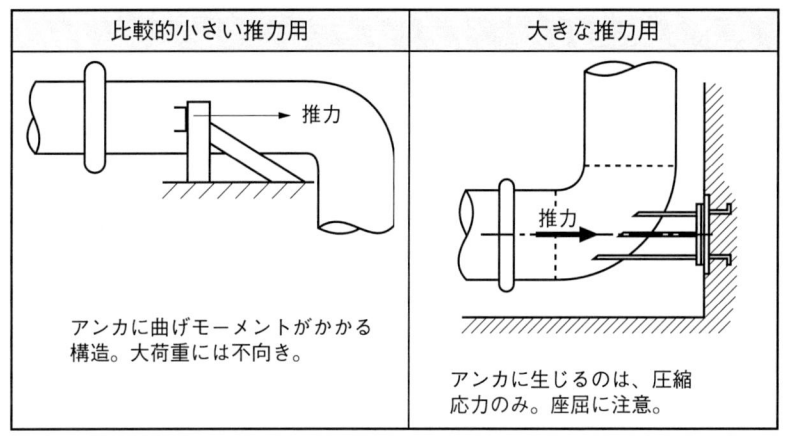

比較的小さい推力用	大きな推力用
アンカに曲げモーメントがかかる構造。大荷重には不向き。	アンカに生じるのは、圧縮応力のみ。座屈に注意。

図 9-7　外部アンカによる方法

（3） 圧力バランス形伸縮管継手のメカニズム

　圧力バランス形伸縮管継手は、発生した推力を伸縮管継手両端にさし渡されたタイロッドの内力で相殺することにより、外部への推力が消されるところは、ユニバーサルジョイントと同じですが、異なるのはタイロッドがあるにも拘らず、軸方向の伸縮ができるように工夫されているところにあります。

　このタイプは、曲がり部に設置する曲管部用と、直管部に使用する直管部用とがあります。

　曲管部用圧力バランス形伸縮管継手の推力をバランスさせるメカニズムと軸方向の伸縮を吸収するメカニズムを**図 9-8** に示します。

　次に、**直管部用圧力バランス形伸縮管継手**の推力がバランスするメカニズムと軸方向の伸縮を吸収するメカニズムを**図 9-9** と**図 9-10** を使って説明します。

　推力がバランスするメカニズムは次のように説明できます。図 9-9 に見るように、大 1 組、小 2 組のベローズから構成され、大のベローズと小のベローズの推力が等しくなるように大きい方のベローズを設計しま

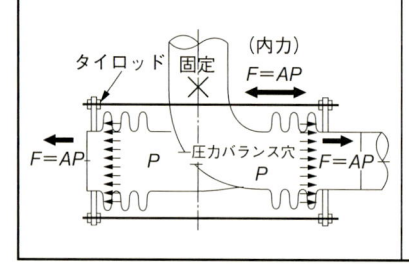

推力バランスのメカニズム	伸縮のメカニズム
2つのベローズで発生する推力は両者を連結するタイロッドの内力として相殺される。	管との取合点が左へ ΔL 延びれば、タイロッドが ΔL 左へ移動し、その結果、左側のベローズが ΔL 伸び、タイロッドの長さは不変なので、右側のベローズが ΔL 縮む。

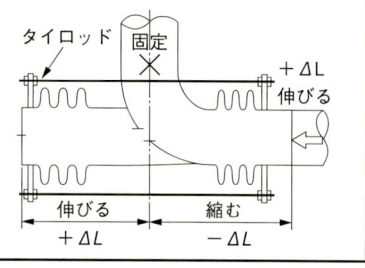

図 9-8　曲管部用圧力バランス形の推力のバランスと伸縮のメカニズム

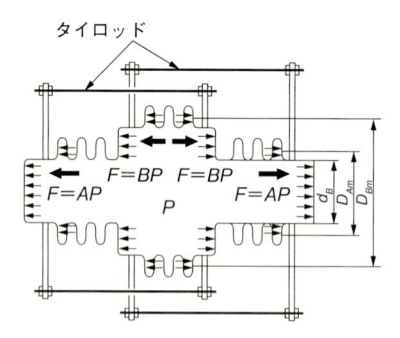

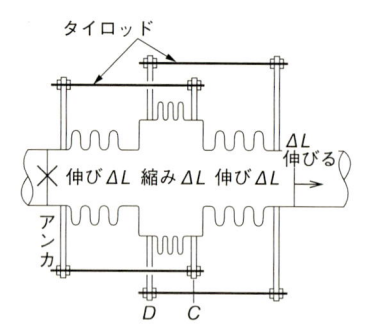

(a)　推力がバランスするメカニズム　　(b)　軸方向に伸縮できるメカニズム
図 9-9　直管部圧力バランス形の推力のバランスと伸縮のメカニズム

す(図 9-10 参照)。小さい方のベローズのサイズは管のサイズで決まります。中央に配置する大きなベローズは、両側の小さいベローズと、図 9-9 (a) 図のように、反対方向の推力を発生する側をタイロッドで連結します。タイロッドで連結された 2 組のベローズは、おのおの大小のベローズに生じる推力が等しいので、タイロッドの内力としてバランスし、外力として現れません。

軸方向に伸縮できるメカニズムは次のように説明できます（図9-9(b)の図）。

　伸縮管継手の左端が固定、右端が ΔL、右へ伸びるとします。C点は固定側のロッドにより固定されており、移動しない。Dは、伸びる側に固定されているロッドにより右へ ΔL 移動します、したがって、中央のベローズは ΔL 収縮します。その結果、固定側のロッドの存在により、固定側の左のベローズは ΔL 伸びます。また、伸びる側のロッドの存在により、右のベローズもまた ΔL 伸びます。結果として伸びる側の管端部は ΔL だけ右へ伸び、最初の仮定と一致します。

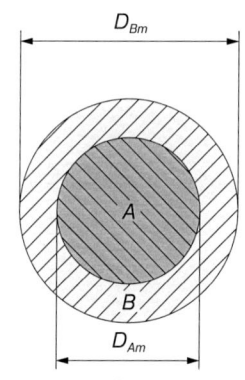

D_{Am} は小さい方の、D_{Bm} は大きい方の、ベローズ平均直径、d_B は大きい方の内径。面積 $A = B$ になるように設計すれば、推力 $F = A \times P = B \times P$ となる。面積 B は外径 D_{Bm}、内径 d_B とする環状の面積、面積 A は外径 D_{Am} の円の面積である。

図9-10　直管部圧力バランス形のベローズ断面積の関係

9-3 ● ベローズ形管継手のプリセット

　プリセットとは、ベローズを自然長より適量縮め、または伸ばした状態でセットして出荷、据付けることを言い、伸縮管継手の要求伸び量と縮み量が異なる場合に、ベローズ性能の合理化のため採られる措置です。例えば**図 9-11** のように、ベローズの要求性能が、伸び 10 mm、縮み 20 mm の場合、大きい方に合わせ ±20 mm の性能のベローズを採用することもできますが、プリセットにより次のような合理化ができます。

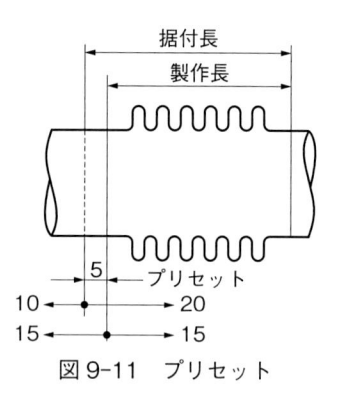

図 9-11　プリセット

　この場合、ベローズを 5 mm 延ばすプリセットを採ることにより ±15 mm の設計伸縮量のベローズを使うことができます。

　プリセットの手順：管継手の面間寸法を所定長さ（据付け長さ）より 5 mm 短く製作し、5 mm 引張った据付け長さでセットボルトで固定し出荷、据付ける、据付け後セットボルトを外す。この状態で、ベローズは 5 mm 延ばされた状態にあるので、伸びられる量は、15−5=10 mm で、縮められる量は、5+15=20 mm となり要求性能を満たします。

　一般に要求伸び量が A mm、縮み量が B mm の場合、$(A-B)/2$ のプリセット（符号が + の場合、縮める、− の場合、伸ばす）をとれば、ベローズは $\pm |A+B|/2$ の設計伸縮量とすることができます。

9-4 ● フレキシブルチューブ

ベローズを使ったたわむことのできる管にフレキシブルチューブ（フレキシブルホースともいう）があります。

（1） フレキシブルチューブの構造・特徴・用途

① **構　造**　フレキシブルチューブの耐圧部はフレキシブルなコルゲート（波形）チューブで、そのチューブに接して外側にブレードと呼ばれるステンレスの線、または、細く薄い板を編んだフレキシブルなものをかぶせます（図9-12）。

ブレードは薄肉のチューブが傷つくのを防ぎ、内圧により生ずる推力を支持する役割があります。チューブ両端の管との接続型式にはフランジ、各種のねじ継手があります。

大きな推力に耐えるブレードが作れないことから、フレキシブルチューブのサイズは比較的小さい。

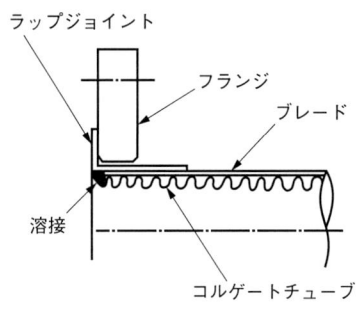

図9-12　フレキシブルチューブの構造の例

② **特　徴**　コルゲートチューブ自身は伸縮できるが、ブレードは僅かしか伸び縮みできないので、フレキシブルチューブ自体としてはほとんど伸縮できません。しかし、フレキシブルチューブ（以下、フレキと略称する）を十分たわませることにより軸方向変位を吸収

することができます（**図 9-13** 参照）。ねじりはコルゲートチューブの特性から吸収できません。

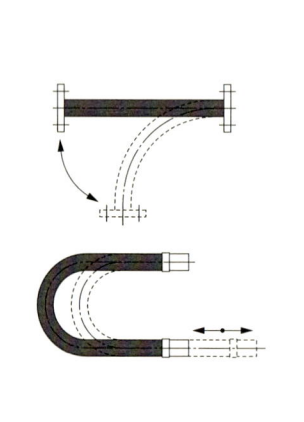

軸直角方向変位の吸収	軸方向変位の吸収
軸直角方向変位の吸収は下図のようにフレキが2回曲げをして行われる。フレキが斜めになる分、実質的に面間寸法が若干短くなることに注意。最小曲げ半径を確保するための面間寸法を必要とする。 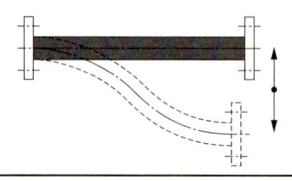	たわみ（曲げ）を増やすことにより縮み、たわみを減らすことにより伸びる。そのため伸縮量に合わせ、あらかじめ軸方向を十分たるませておく。その場合、最小曲げ半径を確保する必要があり、必要な面間寸法が決まる。フレキは一般に大きな軸方向変位を吸収するのは不得手。 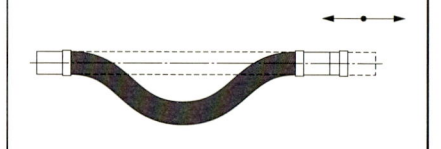
曲げの変位の吸収	振動の吸収
最小曲げ半径を確保すること。	振動のある場所に使うフレキは平均応力に加え、振動応力が加わるので、できるだけ据付状態の応力を下げておくため、曲りにフレキを使うことを避ける。下図のようにフレキ2個を直線で使う。

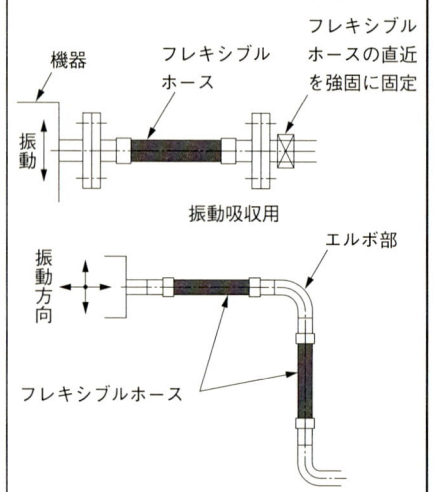

ねじれ	フレキの最小曲げ半径
フレキはねじれを吸収できない（ねじられると著しく耐久性が落ちる）ので、フレキがねじられるような設置をしてはならない。下の右の図はフレキが垂直部でねじりを受ける。 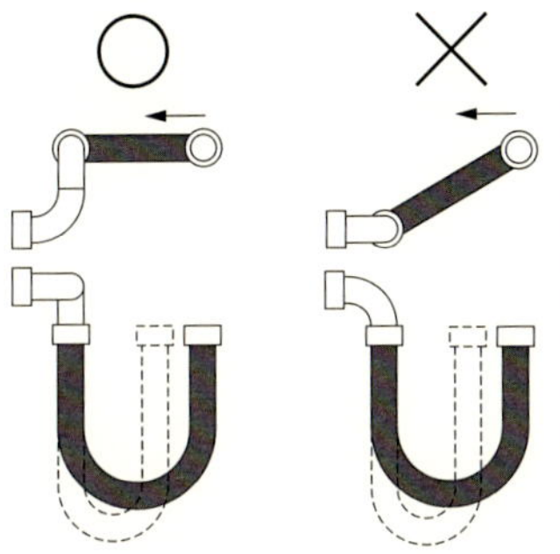	フレキを設置するとき、フレキメーカーの指定する最小曲げ半径以上の曲げになるよう設計、施工すること。 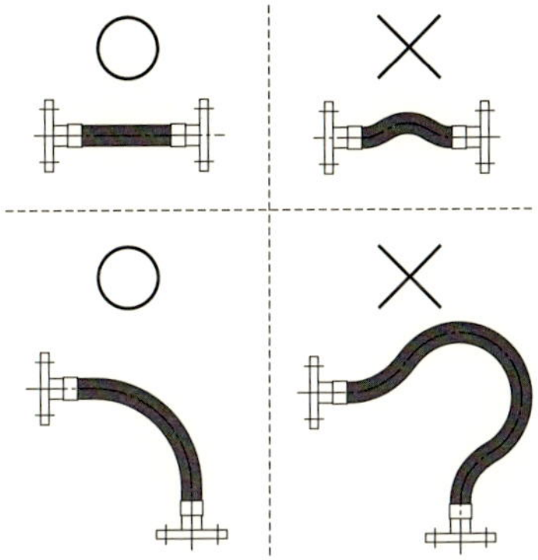

図 9-13　フレキシブルチューブの変位吸収の方法　（出典：文献（1））

③ **用　途**　用途は、伸縮管継手とほぼ同じで、熱膨張変位の吸収、相対変位の吸収（地震、地盤沈下）、そして振動との絶縁などです。フレキシブルチューブは一般に比較的口径が小さい（300 A 程度以下）。

（2）　フレキシブルチューブの変位吸収の方法

フレキシブルチューブ自体は軸直角方向と角変位のみが可能であり、それ以外の変位はこの 2 つの変位と、複数のフレキを組合わせることにより可能となります。その変位の吸収方法を図 9-13 に示します。

引用文献
(1)　配管技術研究協会誌　2006 年夏号、「フレキシブルホースについて」
　　　大同特殊工業（株）秋山 忠司　著

第10章

弁

　配管は、その系統のプロセスの要求に応じ、流れを止めたり、流したり、流量や圧力を変えたりする必要があります。その機能を果たすのが弁（バルブ）です。

　弁はさまざまな機能や使い勝手の要求から、多くの弁形式があります。仕切弁、玉形弁、逆止弁、バタフライ弁、ボール弁、安全弁、調節弁、等々です。

　本章では、代表的な弁の機能と特徴、圧力クラス、駆動装置などについて学びます。

10-1 ● 弁の形と名称

　代表的な弁である仕切弁を例に、弁の一般的な形状と各部の呼び名を図 10-1 に示します。いくつかの部品につき、説明を加えます。

```
ストッパ
グランドパッキン押さえ
グランドパッキン
ふたはめ輪
弁棒
弁ふた
ガスケット
弁体
弁座
弁箱
```

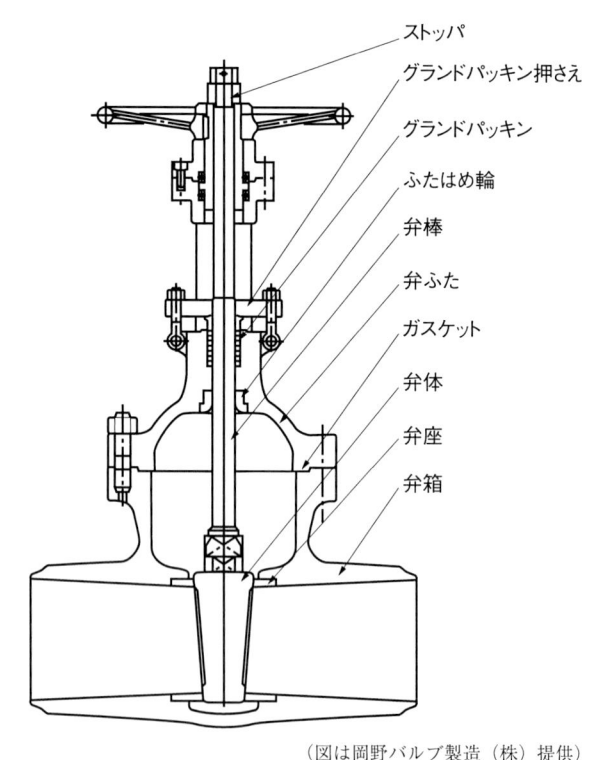

（図は岡野バルブ製造（株）提供）

図 10-1　弁の形状と名称

弁体（ディスク）：弁の開口部（ポート）を塞いだり、開けたりする。
弁箱（ボディ）：弁ふたとともに弁体を収め、弁体が開閉動作をするスペースを有します。ただしバタフライ弁は全開時、隣接の管のスペースを利用します。流体の圧力に耐える構造であること。

弁ふた：弁箱の上部に接続し、弁体を取り出せるよう、ボルトにより取り外せます。弁棒は弁ふたを貫通しています。

弁棒：弁体を開閉するための棒。弁体の上下の移動は弁棒のねじによります。

ストッパ：かなり高圧用の仕切弁に設けられます。くさび状の弁が必要以上に弁座に食い込まないようにするためのもの。ちなみにこの形式の弁は開閉するとき、ハンドルの位置は固定で、弁棒だけ上下し、ストッパは弁棒先端部に取り付けられます。

グランドパッキン：弁棒と弁ふたの摺動部を通して、漏えいを防止するために両者の隙間に詰め込んだパッキン。

グランドパッキン押さえ：グランドパッキンを上からボルトで抑え込む部品。

ふたはめ輪：弁箱にねじ込んで固定されます。ふたはめ輪の上端はグランドパッキンの底部をなします。また、特定の弁では、ふたはめ輪の下端が、弁体が全開したとき、弁体上部と面接触し、流体がグランド部へ浸入しない働きをします。この働きをする面をバックシートと言います。弁箱側にバックシートがある弁では、相対する弁体側にもバックシートを有します。

10-2 ● 一般弁のプロフィール

「一般弁」という定義された用語があるわけではありません。ここでは、安全弁、調節弁、特殊用途の弁を除く、汎用的、一般的によく使われる弁としておきます。一般弁の代表的な種類につき、構造と特徴を**図10-2**と**図10-3**に示します。

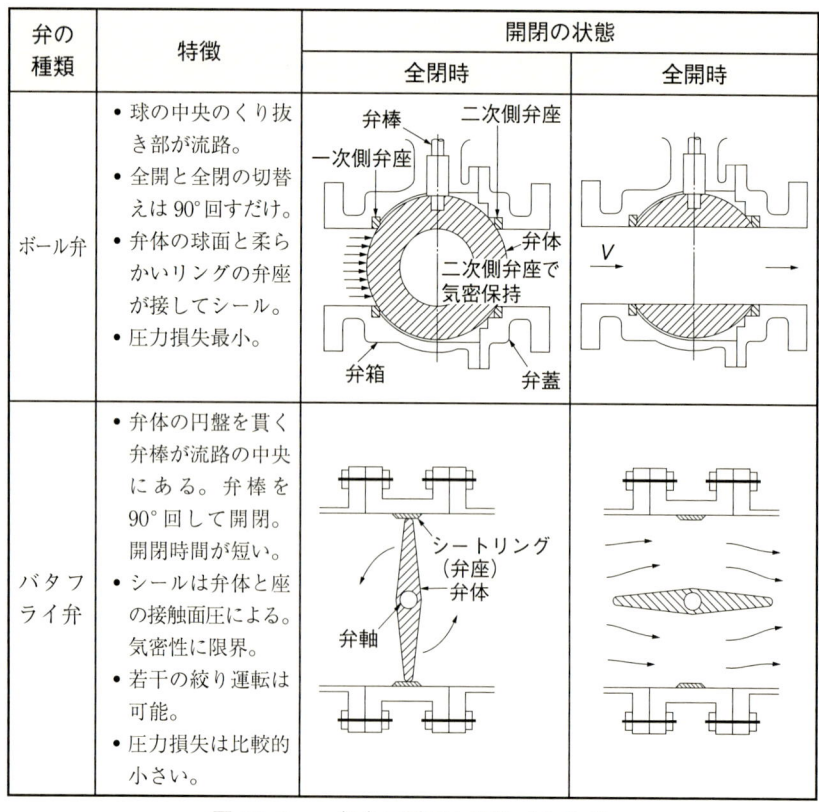

弁の種類	特徴	開閉の状態	
		全閉時	全開時
ボール弁	・球の中央のくり抜き部が流路。 ・全開と全閉の切替えは90°回すだけ。 ・弁体の球面と柔らかいリングの弁座が接してシール。 ・圧力損失最小。	弁棒／二次側弁座／一次側弁座／弁体／二次側弁座で気密保持／弁箱／弁蓋	V →
バタフライ弁	・弁体の円盤を貫く弁棒が流路の中央にある。弁棒を90°回して開閉。開閉時間が短い。 ・シールは弁体と座の接触面圧による。気密性に限界。 ・若干の絞り運転は可能。 ・圧力損失は比較的小さい。	シートリング（弁座）／弁体／弁軸	→

図10-2　一般弁の構造と特徴（その1）

弁の種類	特徴	開閉の状態	
		全閉時	全開時
仕切弁	・弁体断面はくさび状の円板。 ・低圧ではくさびを差し込む形でシール。圧力が上がると、圧力で弁体を弁座に押し付けてシール。 ・全開、全閉で使用。 ・圧力損失が小さい。	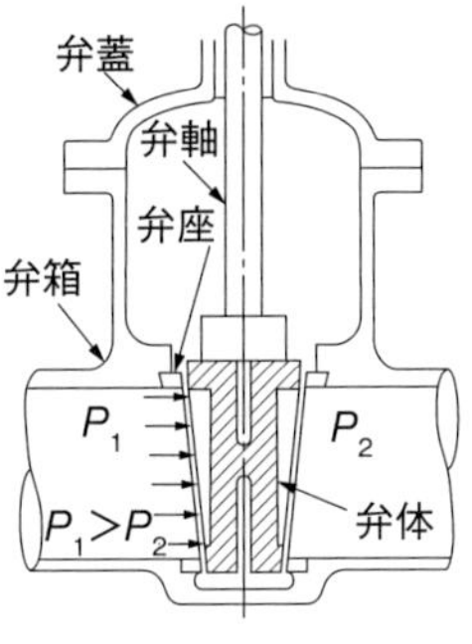 弁蓋、弁軸、弁座、弁箱、弁体、P_1、P_2、$P_1 > P_2$	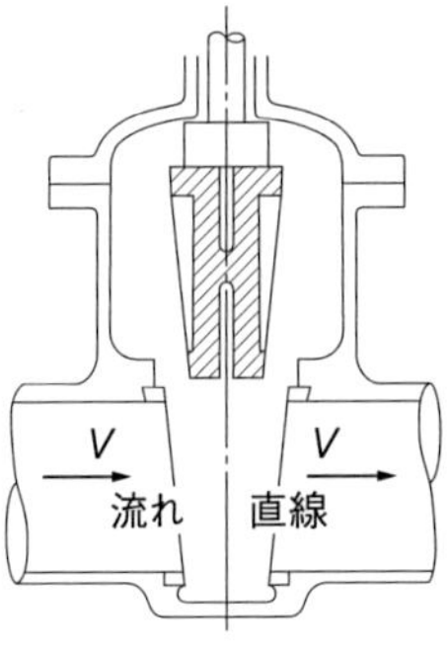 V 流れ 直線 V
玉形弁	・円版状の弁体を弁座に垂直に押し付けてシール。流体は弁体下側から入るのが一般的。 ・締付け力を大きくとれるので、気密性が良い。 ・途中開度の使用可。 ・圧力損失大きい。	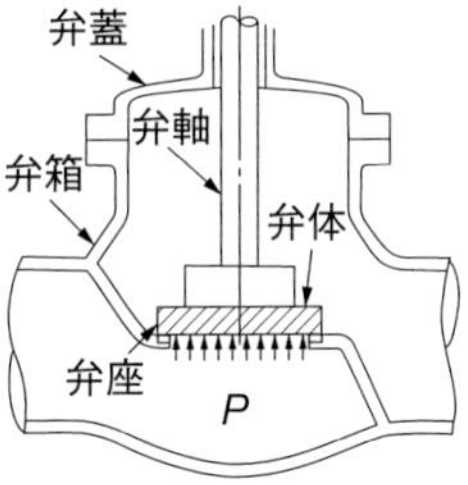 弁蓋、弁軸、弁箱、弁体、弁座、P	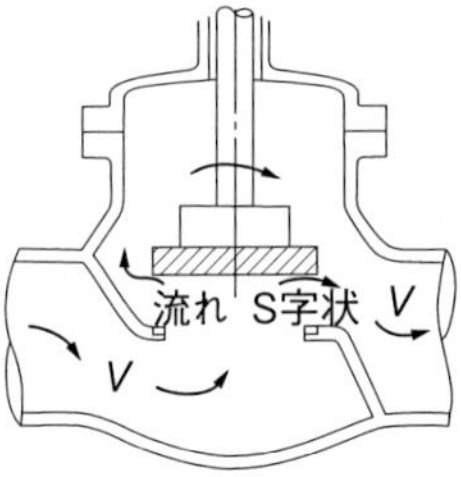 流れ S字状 V
逆止弁	・流れの逆流を防止する。逆流の流れと弁体重量により速やかに閉まる。 ・下流圧力が上流圧力よりあまり高くないときは、弁座は垂直に対し少し傾けてあるので、弁体重量の水平分力でシールする。 ・圧力損失やや大。	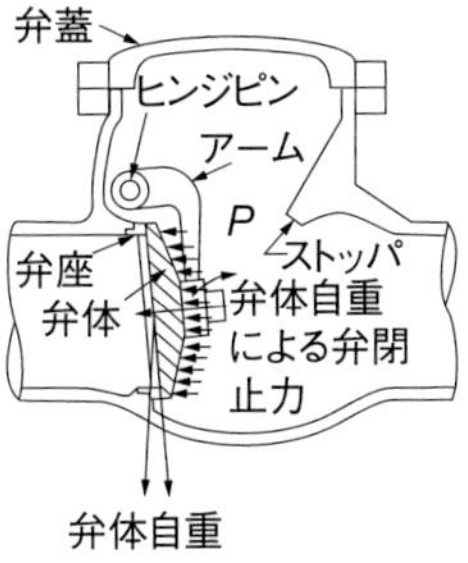 弁蓋、ヒンジピン、アーム、P、ストッパ、弁座、弁体、弁体自重による弁閉止力、弁体自重	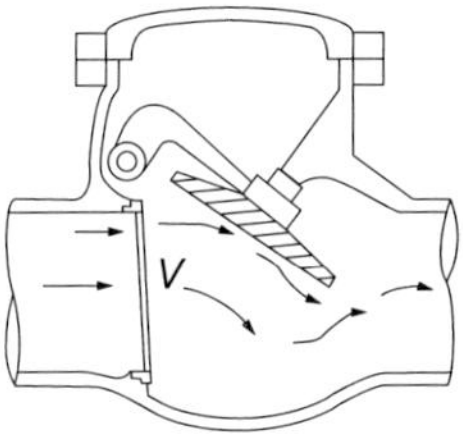 V

図10-3　一般弁の構造と特徴（その2）

10-3 ● 安全弁のプロフィール

　安全弁と逃がし弁は、密閉容器・配管内の流体が容器・配管の設計圧力を超えたとき、安全のため、内部の流体を自動的に緊急に外部に放出し、圧力を下げるための弁です。安全弁、逃がし弁は、弁の作動方式、および弁箱の密閉性の点で、次のように分類できます。

作動方式による分類	ばね（直動）式：圧縮したコイルばねにより弁体に直接荷重を掛ける。
	パイロット式：パイロット弁がまず吹き、主弁の背圧を抜き、主弁が作動。
弁の密閉性による分類	開放形：弁座から吹き出た流体が弁出口以外からも外部へ放出される弁。外部へ漏れても、害のない流体の場合採用。このタイプが多い。
	密閉形：弁座から吹き出た流体が弁出口以外から外部へ放出されない弁。外部へ漏れると有害な流体の場合採用。

　広義の安全弁は安全弁と逃がし弁を含みますが、安全弁と逃がし弁は次のような差異があります。

安全弁：蒸気、ガスに使用し、ポップ動作（弁が開き始めると同時に、一気に弁が全開すること）をする弁を言います。また、重要な機器に使われます。

逃がし弁：主に液体に使用し、弁開度は圧力の上昇に比例して増大する弁を言います。安全弁より、開き始めから全開までの時間がかかります。

　安全弁と逃がし弁の構造を、**図 10-4** に示します。
　図 10-5 を使って、安全弁がなぜポップ動作できるかを、ポップ動作しない逃がし弁と弁体・弁座まわりの構造を比較して説明します。
　図 10-5（a）に示す安全弁は、ポップ動作を行うための工夫が、弁体下部と弁座に施されています。弁体には弁体からの突き出し量を調節で

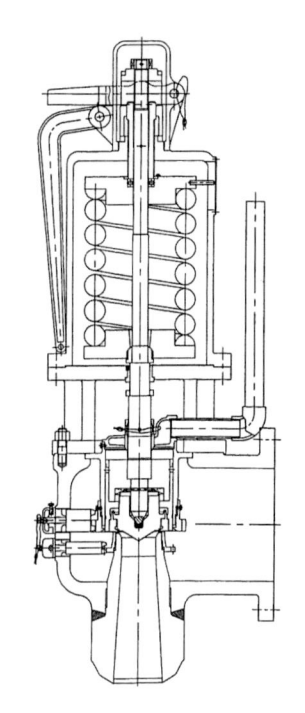

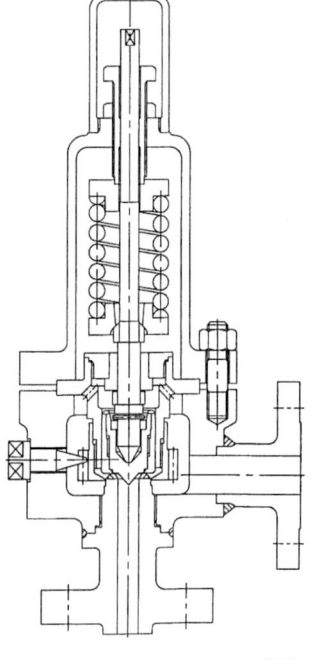

(a) 安全弁（開放形）の構造　　(b) 逃がし弁（密閉形）の構造

図10-4　安全弁と逃がし弁（図は岡野バルブ製造（株）提供）

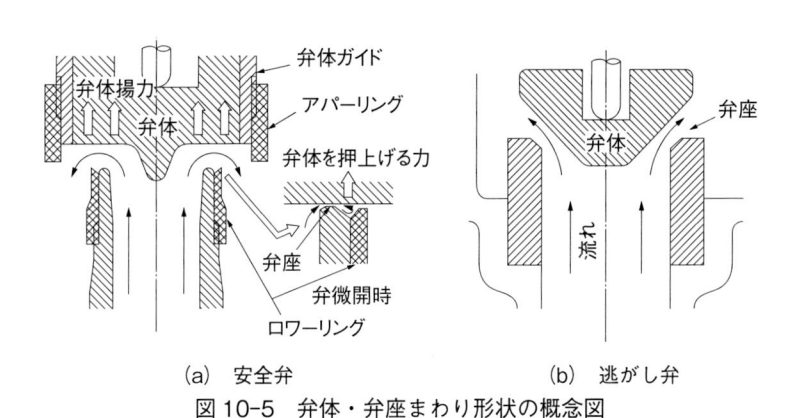

(a) 安全弁　　(b) 逃がし弁

図10-5　弁体・弁座まわり形状の概念図

きるアパーリングというものが付いています。アパーリングを弁体下へ適量突き出すことにより、弁体が開きかけたとき、上向きの噴流を反転させ、流体の運動量変化を弁体の揚力に変える働きをします。また、弁座に設けたロワーリングは上下させることにより、弁座との間にできるくぼみの容積を変えることができます。このくぼみは弁が開こうとするとき、弁座を漏れた流体がこのくぼみで蓄圧され、弁体を押し上げる力を助長させます。この2つのリングによる効果で、弁体は一気に開動作します。

一方、図10-4（b）に示す逃がし弁は、ポップ動作を必要としないので、弁体、弁座ともにシンプルな構造となっています。

図10-6に安全弁のポップ動作と逃がし弁の圧力に比例する弁開度の2つの作動特性の概念を図で示します。

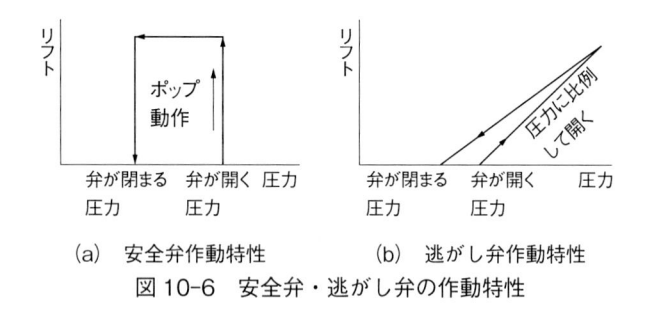

(a) 安全弁作動特性　　(b) 逃がし弁作動特性

図10-6　安全弁・逃がし弁の作動特性

豆知識

玉形弁はなぜ弁体の下から上へ流すのか（図10-2参照）

弁体で流体を隔離した場合、その上流側（一次側）の圧力が高くなるのが一般的です。もしも玉形弁で上から流すと、グランドパッキンなどのシール部がある弁上側の圧力が高くなり、外部への漏えいの可能性が高くなります。これが玉形弁の流れを下から上へ流す主な理由です。

10-4 ● 弁の圧力-温度基準

　弁には、ユーザーと製造者に便利なように、圧力-温度基準なるものが、JIS、ASME、ISOなどにおいて定められています。ここでは、完成度の高いもののひとつであるASMEを例に、その概要を説明します。

　ASME B 16.34の弁の基準に、弁の圧力-温度基準が定められています。弁の圧力-温度基準は2種類の表からなります。1つは、**表 10-1** に示す材料別、かつ圧力クラス別の温度 vs 許容圧力の表です。この表は弁ユーザーが弁の圧力クラスを選択、決定するための表です。材料は主に強度特性で分類されており、約50のグループに分けられています。一方、圧力クラスは弁が耐えられる内圧、すなわち許容内圧を低い方から高い方へ7つのクラス（150、300、600…4,500）に段階分けしてあります。そして各クラスごとに、何℃のときの許容圧力何barという表が準備されています。

表 10-1　圧力-温度基準　温度-許容圧力の表のポイント

圧力温度基準	材料グループ 1.1	スタンダードクラス	各圧力クラスごとに	温度ごとの許容圧力
		スペシャルクラス	各圧力クラスごとに	温度ごとの許容圧力
	材料グループ 1.2	スタンダードクラス	各圧力クラスごとに	温度ごとの許容圧力
		スペシャルクラス	各圧力クラスごとに	温度ごとの許容圧力
	省略			
	材料グループ 2.1	スタンダードクラス	各圧力クラスごとに	温度ごとの許容圧力
		スペシャルクラス	各圧力クラスごとに	温度ごとの許容圧力
	省略			

弁ユーザーが、当該弁の材質と設計温度、圧力が分かっていて、圧力クラスを選ぶ過程は次のとおりです。まず、弁の材料を選択し、その材料の、見当をつけた圧力クラスの表を選択し、設計温度における許容圧力を読みます。その許容圧力が設計圧力より大きければ、この圧力クラスを採用できます。その逆であれば、この圧力クラスは強度不足なので、ひとつ上のクラスで同様の評価を行います。もしも、許容圧力が設計圧力よりだいぶ大きい場合は、1つ下の圧力クラスでゆけるかどうかを試みます。そして圧力-温度基準のもう1つの表は、**表 10-2** に示す「弁箱最小厚さの表」で、各圧力クラスの弁サイズごとの弁箱の最小厚さの表です。この表は主として、弁を作る弁メーカーのためのものです。

表 10-2　圧力-温度基準、弁箱の最小厚さの表の構成

圧力温度基準	弁箱最小肉厚の表	各圧力クラスごとに	口径ごとの弁箱最小厚さ

ここで留意したいことは、圧力クラスは材質グループ別に約 50 枚の表があるのに対し、弁箱最小肉厚の表はすべての材料に共通で、温度も関係なく、厚さはサイズ（弁口径）のみで決まり、表は 1 枚しかないという点です。すなわち、圧力-温度基準は、材質と温度の変化に対し、厚さを変えることをせず、材質と温度により変わる許容応力見合いで許容圧力の方を変えています。弁の厚さの種類の数を絞った方が、木型の種類と管理の煩雑さを抑えることができ、効果が大きいからです。

ユーザーは弁の圧力クラスを選択するとき、使おうとする材料グループの**図 10-7** のようなチャート（この例は、材料グループ 1.2（代表的鋼種 ASTM 材 WCC）炭素鋼の各クラスの温度と許容圧力がまとめてある）上に運転圧力・温度をプロットして、どの圧力クラスで行けるか、あたりをつけ（例えば図の×印にプロットされたらクラス 900 でいけそう、と判断）、詳細は「温度-許容圧力の表」で、運転温度における許容圧力を出し、採用する圧力クラスを確定する方法が効率的でしょう。

なお、弁の圧力クラスには「スタンダードクラス」と「スペシャルク

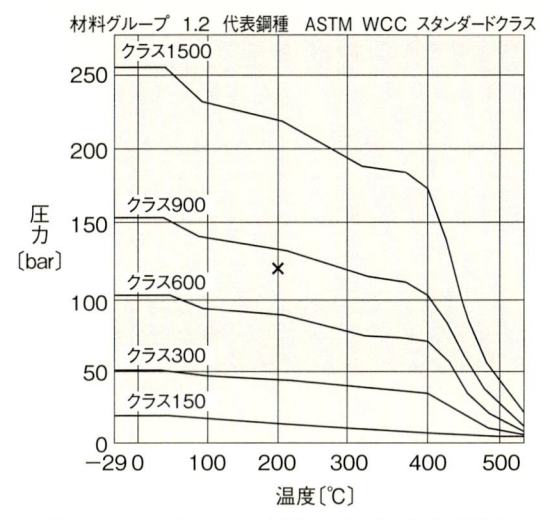

図10-7　圧力クラスを選ぶ「圧力-温度基準」

ラス」の2つの系譜があり、スペシャルクラスは規定された非破壊検査を実施することにより、スタンダードクラスより若干高い圧力まで使用できます。図10-7はスタンダードクラスのものです。

　弁の圧力-温度基準の代表的なものに、ASME B 16.34 Valves、JIS B 2071 鋼製弁において規定されています。

　なお、フランジ（7-7参照）にも圧力-温度基準があります。フランジの圧力-温度基準の圧力クラスは実質的に弁の圧力クラスと同じです。異なるのは、寸法規格の方で、フランジの圧力-温度基準には、各圧力クラスごと、サイズごとに、フランジの寸法表があります。

　フランジとフランジ管継手用として、米国ではB16.5 Pipe Flanges and Flanged Fittingがあります。弁のスタンダードクラスとフランジの圧力-温度基準は同一のものです。ただし、フランジにはクラス4500とスペシャルクラスがありません。日本では、JIS B 2298「鋼製フランジ通則」において、JISフランジが決められています。また、ヨーロッパにはISO7268 Piping Components-Definition of nominal pressureがあります。

10-5 調節弁

　調節弁は弁本体と駆動部とからなり、目的に合った圧力や流量になるよう、弁開度を自動的に調節する弁で、コントロールバルブとも言います。

　調節弁の種類としては、玉形弁、アングル弁、三方弁、ボール弁、バタフライ弁があります。

　駆動部には、電動駆動とピストン型とばねを使ったダイアフラム型とがあります。

　多く使われている玉形弁形式の場合の弁体には、単座弁、複座弁、ケージ弁などがあります（**図10-8**参照）。その弁体の種類の特徴は次のとおりです。

単座弁：最も基本的な調節弁の形式です。単座のため、気密性に優れるが、ポートの面積分の差圧が掛かるので、大口径の場合は複座弁やケージ弁に比べ、駆動部が大きくなります。一般的に小さいサイズのバルブに使われます。

複座弁：2個の弁体とシートを持ち、上下の弁にかかる入口圧力による推力がバランスするので、単座弁に比べ駆動部が小さくて済みます。中サイズ以上のバルブに使用されます。

ケージ弁：プラグのバランス孔の作用により、流体の不平衡力が打ち消され、単座弁に比べると、駆動部が小さくなります。プラグとケージの間の漏洩はシールリングで防止するようになっています。ケージがプラグのガイドの働きをするので、振動には比較的強い。

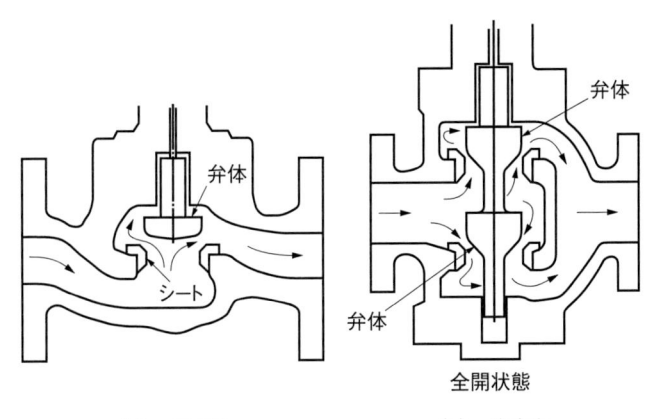

(a) 単座弁

(b) 複座弁

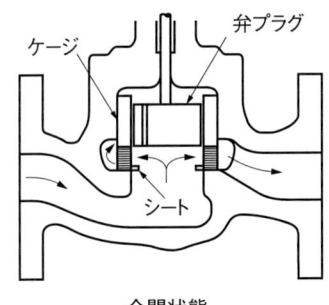

全開状態

(c) ケージ弁

図 10-8　調節弁の種類

10-6 ● 弁駆動部

　弁の駆動は、ハンドルやレバーを人の手で回す手動式と機械で駆動する電動式、ピストン式、ダイアフラム式、その他の方式があります。機械駆動式は、信号により自動的に動かす弁、人が近づくことが困難なところにある弁、弁開閉に要する力が大き過ぎたり、時間がかかり過ぎる弁などに使われます。主な弁駆動装置について説明します。

　電動駆動弁：モータを動力源とし、減速して適当な出力トルクと回転数を得るための歯車機構を備えています。モータで駆動しているときは、安全のため手動ハンドルは回らない構造になっています。

　ピストン駆動弁：作動流体としては、空気圧と油圧があります。正・逆動作とも空気圧で行う復作動型と逆方向はスプリング力を使う単作動型とがあります。**図10-9**は復作動型を示します。

　ダイアフラム駆動弁：正動作の弁を閉じる場合は、ダイアフラムの上部から空気を供給し、ダイアフラムを押し下げて弁を閉じます。弁を開けるのは、ダイアフラムの上部から空気を抜き、ばねの力で弁を開けます。空気が消失した場合は、ばねの力で弁が全開します。このことを、フェイルオープンと言います。

　　逆動作の弁を閉じる場合は、ダイアフラムの下部から空気を抜き、ばねの力で弁を閉じます。弁を開けるのは、ダイアフラムの下部から空気を入れて、弁を開けます。空気が消失した場合は、ばねの力で弁が全閉します。このことをフェイルクローズと言います。

図10-9 弁の駆動装置

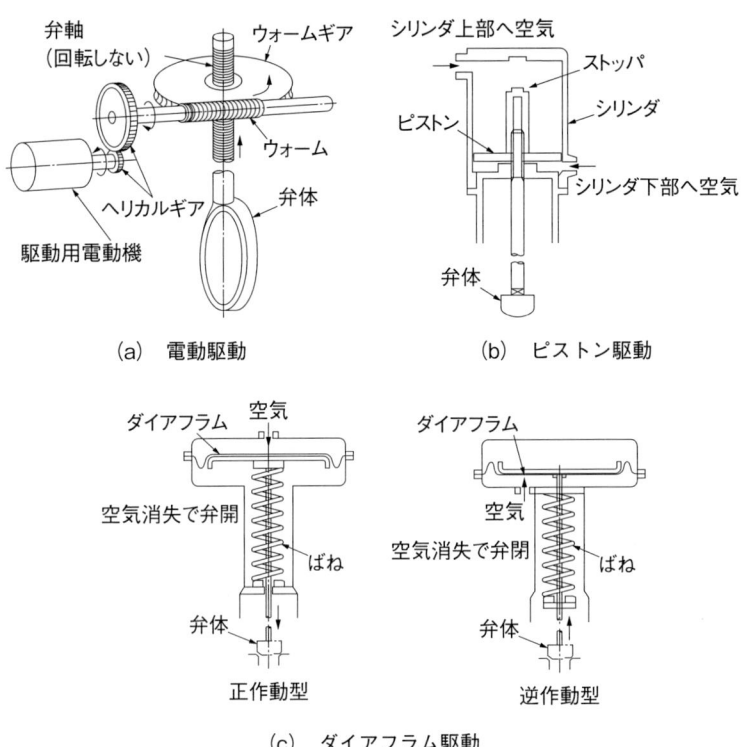

(a) 電動駆動
弁軸（回転しない）／ウォームギア／ウォーム／ヘリカルギア／弁体／駆動用電動機

(b) ピストン駆動
シリンダ上部へ空気／ストッパ／ピストン／シリンダ／シリンダ下部へ空気／弁体

(c) ダイアフラム駆動
ダイアフラム／空気／空気消失で弁開／ばね／弁体　正作動型
ダイアフラム／空気／空気消失で弁閉／ばね／弁体　逆作動型

豆知識

電動弁のトルクストップとリミットストップ

　電動弁の全開および全閉位置で、弁を停止させるため電源を切る方法として、弁体の位置を検出して切る方法と、弁体にかかるトルクを検出して切る方法とがあります。前者を「リミットストップ」、後者を「トルクストップ」と言います。フレキシブルな弁体の仕切弁、ボール弁などは、通常はリミットストップとし、非常時の弁保護用としてトルクストップを採用、比較的剛な弁体の仕切弁、玉形弁はトルクストップとするのが一般的です。

第11章

配管のスペシャルティ

　配管がその機能を果たすために、配管に設置される特別の任務を持った配管付属品を配管スペシャルティと称します。

　例えば、ストレーナ、スチームトラップ、エアートラップ、ラプチュアディスク、検流器、フレームアレスタなどが含まれます。

　本章では、代表的スペシャルティであるストレーナとスチームトラップの主な種類、そのメカニズム、機能、特徴などについて学びます。

11-1 ● ストレーナ

　ストレーナは流体中の異物（スラッジ）を捉えるために配管に設置される装置です。

　狭い間隙を有する回転機械や狭いポートを有する弁類などに、異物が入り込んだり噛んだりすると、機械や装置が損傷する可能性があるので、それらの機械・装置の保護の目的で、それらの直前にストレーナを設けます。

　異物をとる網とそれを支える強度メンバのセットをストレーナの"エレメント"といいます。

（1）ストレーナの種類

　ストレーナは、設置姿勢・場所、通過面積比（後述）、試運転時のみに使用する一時（テンポラリ）式か定置（パーマネント）式か、などの差

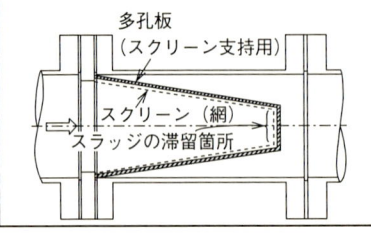

コニカルストレーナ	リバースコニカルストレーナ
製造、組立て中に配管内に入った異物をとるため、試運転期間中だけ一時的に設置するストレーナ（テンポラリ・ストレーナと言う）に使われる。両端フランジの短管の中に、鍔付きの円錐状のエレメントを挟み込んで取り付ける。流れは、コーンの先端の方へ向って流れる。	コニカルストレーナの流れの向きを逆にしたもの。すなわち、コーンの先端の方が上流になる。この方式では異物が流速の速い、管中央部に滞留せず、流速の遅い壁付近に溜まるので、圧力損失が低減し、結果的にストレーナ清掃回数を減らすことができる。ただし、エレメントの外側から圧力がかかるので、エレメントの座屈に注意する必要がある。

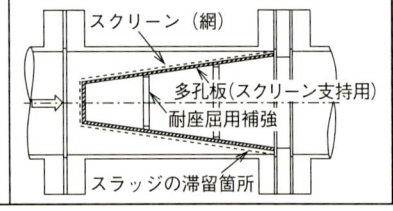

第11章 ● 配管のスペシャルティ

Y形ストレーナ

管路の一部を形成する本体（フランジ付き短管）に斜めに枝管を取り付け、その中にストレーナエレメントを装着したもの。枝部の管壁とエレメントの間が狭いと、エレメントの奥の方が流路として有効に働かない。

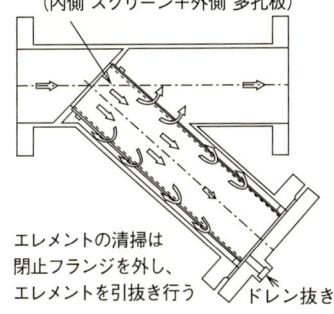

エレメント
（内側 スクリーン＋外側 多孔板）

エレメントの清掃は閉止フランジを外し、エレメントを引抜き行う

ドレン抜き

T形ストレーナ

エレメントを管継手のTに収めたストレーナで、2種類ある。下図はTの直線部にエレメントを収め、流れは閉止フランジの反対側から流入し、枝部に抜ける。

もう1つの種類はエレメントをTの枝部に収めるもので、バスタブ形とも呼ばれる。

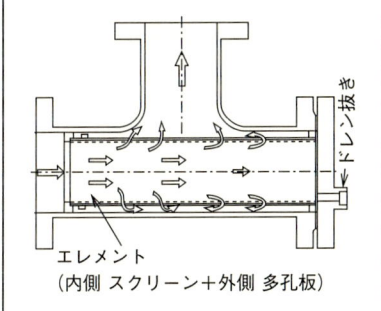

ドレン抜き

エレメント
（内側 スクリーン＋外側 多孔板）

バケット形ストレーナ

垂直の円筒容器内に筒状のエレメントを設置する。エレメントの面積を増やすことが可能なので、流体中の異物が多い場合に適する。エレメントの掃除は、上部の閉止フランジを外し、エレメントを取り出して行う。

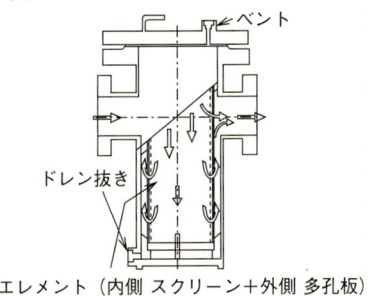

ベント

ドレン抜き

エレメント（内側 スクリーン＋外側 多孔板）

複式ストレーナ

エレメントを掃除するときも運転を継続したい場合、ストレーナ2台を並列に置き、切替え用の三方弁と一体化して、コンパクトにまとめたもの。図はBが運転中を示す。三方弁を反時計方向に90°回せばAの運転へ切り替わる。

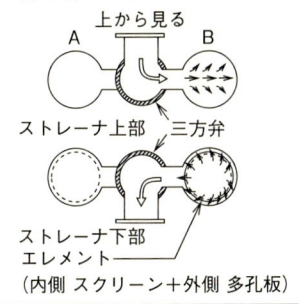

上から見る

ストレーナ上部　三方弁

ストレーナ下部
エレメント
（内側 スクリーン＋外側 多孔板）

図11-1　ストレーナの種類

異により、種類があります。

主な種類としては、コニカルストレーナ（リバースコニカルストレーナ）、Y形ストレーナ、T形ストレーナ、バケット形ストレーナ、複式ストレーナ、などです。

これらストレーナの構造、特徴を**図 11-1** に示します。

ストレーナはかなりの圧力損失や流れの乱れを伴うので、強度不足や疲労などにより破損することもあります。その場合、破片が下流の機器・配管を損傷したり、破損した断片を回収するのは大変な時間と費用を要します。したがって、試運転時以外、吸込み配管系から異物が来ない場合は、一時式ストレーナを取り付け、運転に入ったら取り去る方が良いでしょう。

（2） ストレーナのスクリーン

ごみを捕捉するエレメントは、一般にスクリーンとスクリーンを流れの中で保持する強度メンバから成ります。スクリーンはいわゆる金網のこと、強度メンバは円筒状に巻いた多孔板が使われることが多いです。

① スクリーンのメッシュ

スクリーンの目の細かさはメッシュで表します。メッシュとは、スクリーンの縦線、横線おのおの 25.4 mm（1 インチ）の間にある目の数のことで、次式によります。

$$M = \frac{25.4}{P}$$

ここで、M：メッシュ、P：ピッチ（網目の間隔　mm）

回転機械の場合、30 〜 60 メッシュのものが使われることが多いです。

② 汎用ストレーナの一般的な通過面積比

$$通過面積比は、\frac{エレメント、通過できる面積}{管内径の断面積}$$

で定義され、その比は使用環境、使用目的により、1.0 から 3.0 程度ですが、この範囲より小さいものも大きいものもあります。

図 11-2　スクリーンの寸法

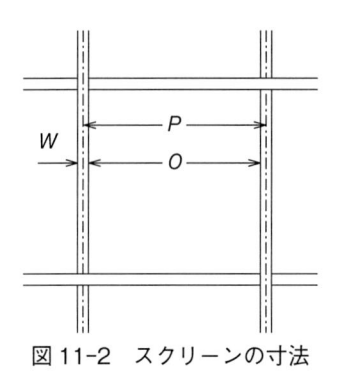

③　**通過面積比の計算方法**

$$通過面積比 = \frac{エレメントの通過できる面積}{管内径の断面積}$$

$$= \frac{エレメントの表面積 \times N_S \times N_P}{管内径の断面積}$$

ここに、N_S：スクリーンの開口比、N_P：強度メンバである多孔板の開口比

④　**スクリーンの開口比**

$$N_S = \left(\frac{O}{P}\right)^2 = \left(\frac{P-W}{P}\right)^2$$

ここに、O：開き目〔mm〕、P：ピッチ〔mm〕、W：線径〔mm〕（図 11-2 参照）。

⑤　**多孔板の開口比**（図 11-3 参照）

60°千鳥配置の場合　　$N_P = 0.91\left(\dfrac{d}{P}\right)^2$

45°千鳥配置の場合　　$N_P = 1.57\left(\dfrac{d}{P}\right)^2$

(a) 60° 千鳥位置　　(b) 45° 千鳥位置

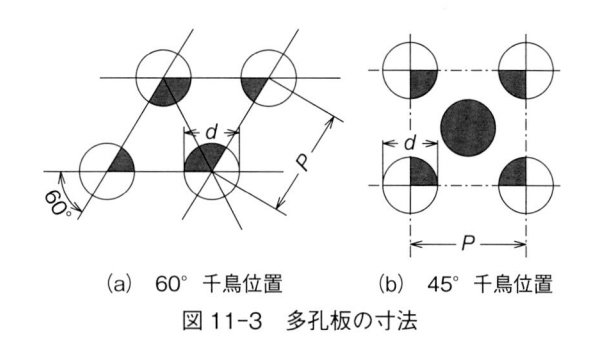

図 11-3　多孔板の寸法

（3）ストレーナの運用

① ストレーナの差圧

ストレーナの運用で最も注意しなければならないのは、ストレーナの差圧です。

ポンプ吸込み管にストレーナのある場合、その圧力損失が増えると、ポンプ羽根入口の圧力が低下し、流体温度の飽和蒸気圧力を下回るとキャビテーションを引き起こし、運転が困難になります。また、全てのストレーナに共通する事項として、差圧がストレーナのスクリーン、または強度メンバの強度上の許容差圧を超えると、ストレーナは破壊または、損傷して、下流に流出する可能性があり、起これば重大トラブルとなります。そのため運転に当たっては、必要に応じストレーナ前後に圧力計または差圧計を設置し、差圧を監視してストレーナを清掃する差圧、強度上の許容差圧を超えないように監視しなければなりません。

② スクリーンの破損

スクリーンの破損はスクリーン前後の差圧のほかに、エレメントを流体が通過するときに、複雑な流れとなってできる渦によりスクリーンが振動し、疲労破壊することがあります。したがって、ストレーナ内部で渦の発生しにくい流路の設計をし、また渦や乱れでスクリーンが振動しないように、ワイヤの太い（強度のある）スクリーンと多孔板でワイヤの細いスクリーンを挟み込むような構造をとります（この場合、当然通過面積は小さくなります）。

11-2 ● スチームトラップ

　スチームトラップ（Steam Trap）とは"蒸気を逃がさず捕えるもの"です。逃がさず捕えるものは蒸気、そして逃がし、排出するものはドレンと空気です。蒸気を逃がさないのが建前なので、ある程度水（飽和水）になってから、またはある程度水位が上昇してから弁が開き、凝縮水を排出します。

　蒸気とドレンを識別する原理として、水位（密度）の差、温度の差、動力学の利用、によるものがあります。

　スチームトラップは捕えるものと逃がすものを識別する仕組みを備えています。その仕組によってスチームトラップは表11-1に示すタイプに分けられます。

　表11-1において、タイプ別に、蒸気と凝縮水を判別するメカニズムと代表的なトラップの作動メカニズを説明します。

①　水位の有無（あるいは、密度の差）により識別する

　ドレンが溜まると水位が生まれ、水位が生まれれば浮力を生じます。一方、蒸気は浮力を生じないことを利用。ただし、同じ気体の蒸気を捕え、空気を排除するには両者の温度差を利用する必要があり、フロート

表11-1　流体判別方法のタイプ

流体判別方法のタイプ	蒸気と凝縮水の判別方法	形式例
①　メカニカルトラップ	凝縮水の水位で判別する。蒸気、空気の場合、水位が出ない。	フロート式、下向きバケット式
②　サーモスタティックトラップ	蒸気より飽和水の温度が下がることで判別。	バイメタル式、ダイアフラム式、ベローズ式
③　サーモダイナミックトラップ	凝縮水と蒸気の動力学的差で判別	ディスク式、インパルス式

トラップボディの中に、球体で中空のフロートが入っており、ドレン排出口はボディ下部にある。ボディに水がないときは、フロートは沈んでおり、弁体の役を担うボールの球面がドレン排出口の弁座を塞ぎ、蒸気を含め流体を逃がさない（図(b)）。ドレンが入って来て、フロートが浮くと、排出口は開き、入ってきた水を逃がす（図(a)）。起動時にはトラップに空気が流入するが、フロートは浮かないので、別の手段で空気を排出する必要がある。そのため、低温（空気）で開き、高温（蒸気）で閉まるように、ベント用弁を装備したバイメタルを設置する。

　なお、フロートとは別に、弁体を設け、フロートと弁体をレバーでつなげたレバーフロート式トラップもある。

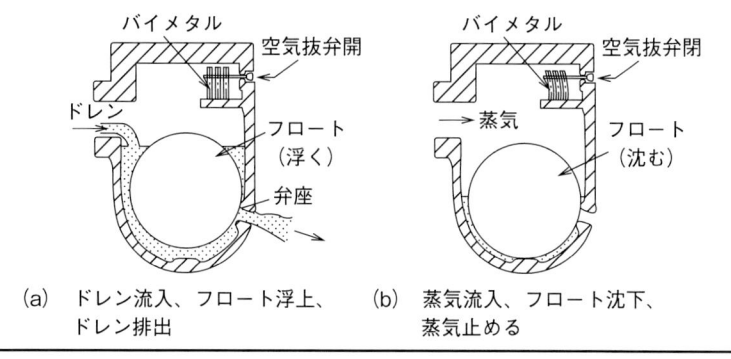

(a) ドレン流入、フロート浮上、ドレン排出　　(b) 蒸気流入、フロート沈下、蒸気止める

図 11-4　フリーフロート式スチームトラップ

式では空気抜き用にバイメタルを装着するのが一般的です。

　このタイプには、フリーフロート式（**図 11-4**）、レバーフロート式、下向きバケット式（**図 11-5**）などがあります。

　フロート式と下向きバケット式は水の浮力を弁の開閉に使っていますが、次の点が異なることに注意しておきましょう。

　　（イ）　ドレン排出口の位置：フロート式はボディ下部、下向きバケット式はボディ頂部。
　　（ロ）　排出口が閉まる条件：フロート式はボディのドレン滞留量が一定量以下になり、フロートが沈んだとき。下向きバケットはドレンが一定量以上あり、かつ蒸気があって、バケットが浮いたとき。

　したがって、流体が過熱蒸気の場合で、ドレン量が少ないと、下向きバケットは下方にあって、弁が閉まらない可能性があります。

トラップボディ内にバケツを逆さにしたようなバケットがある。ドレン排出口はボディ頂部にあり、バケット頂部から出たレバーの先にある弁で開閉される。

① 系統の起動初期、下向きバケットは沈み、ボディ頂部にある弁は開いている状態で、管路にあった空気がトラップに流入する。空気はバケット上部に設けた小さな空気抜き（ベント穴）を通ってバケットの外へ出て、さらにボディ頂部の開いた弁より系外に排出される。
② ドレン流入時、バケットは沈んだままなので、弁は開いており、ドレンを系外へ排出。
③ 蒸気がバケット内に流入すると、バケット内に蒸気がたまり、浮力を生じ、浮上。弁が閉じ、蒸気の流出を止める。
④ バケット内蒸気はベントを通りトラップ上部に溜まるが、冷却して徐々に凝縮水となる。

ドレン排出口の位置が、フロート式と異なり、頂部にあるため、空気抜き用のバイメタルは不要である。

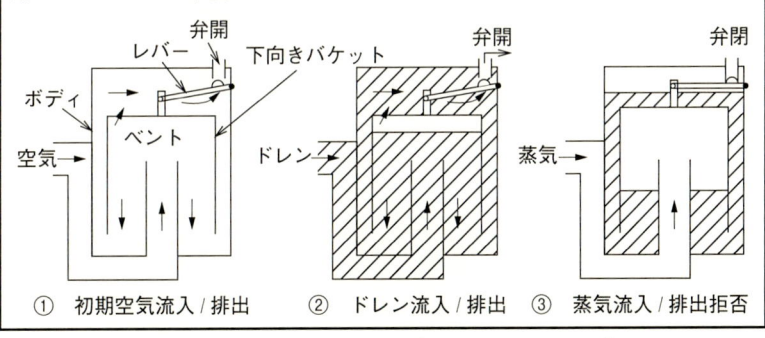

図 11-5　下向きバケット式スチームトラップ

図 11-6 は、弁閉状態における両式の比較を示します。

② 温度の差により識別する

図 11-7 に示すように、バイメタルやベローズまたはダイアフラムに触れる蒸気と水の温度差により生じる伸縮作用を利用します。温度を感知して弁を開閉するまでに時間遅れがあり間欠運転となります。弁を開く温度は、蒸気を逃がさないため、飽和温度より若干低い温度に設定されます。

図 11-7 に示すもののほかに、調整ナットにより開弁する、温度を変えられるバイメタル式トラップ（温調式トラップと称する）もあります。

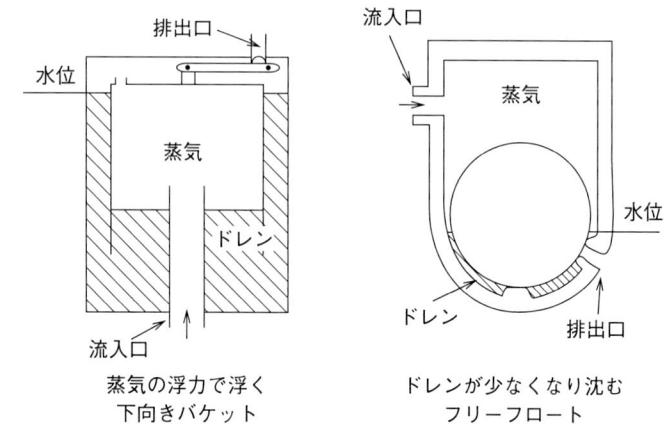

図 11-6　下向きバケット式とフリーフロート式の比較

(図中ラベル：排出口、水位、蒸気、ドレン、流入口／流入口、蒸気、水位、ドレン、排出口)

蒸気の浮力で浮く
下向きバケット

ドレンが少なくなり沈む
フリーフロート

③　蒸気と水の動力学的な差により識別する

蒸気ドレンの相変化やエネルギー保存則（ベルヌーイの定理）などを利用します。**図 11-8** のディスク式の他に、インパルス式があります。

> **豆知識**
>
> #### スチームトラップのポート径
>
> 　トラップの断面図と第 10 章の弁の断面図の両者のポートの大きさに注目願います。弁の方は取合う管の内径に比し、同じか、若干小さい程度ですが、トラップの方は管の内径に比べはるかに小さいのです。これはトラップが徐々に凝縮してできるドレンを排出するものなので、排出量は限定的であり、トラップのディスクを駆動する力が浮力やバイメタルなどの限られた力によるため、ポート径を大きくできないためです。通常運転時は容量的に問題なくても、冷えた装置・配管の起動時に大量のドレンが発生することがあり、掃け切れなくなることがあります。そのような場合、バイパス弁を設け、ドレンを排出する配慮も必要です。

バイメタル式：

バイメタル式は、飽和温度より若干低い温度で開弁するようセットされる。飽和温度は圧力により変わるが、バイメタル式はその変化に自動的に対応できない。人による調節が必要。

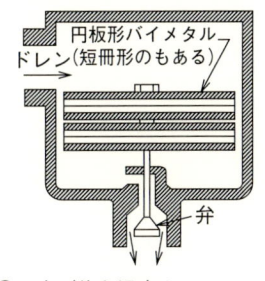

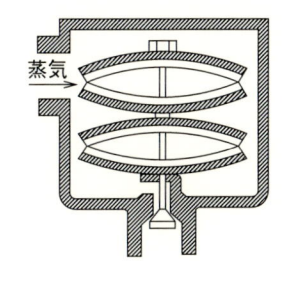

```
     円板形バイメタル
     (短冊形のもある)
ドレン→                      蒸気→

        ─弁

① 水（飽和温度より            ② 飽和蒸気流入 → 弁閉
  若干低い温度）流入 → 弁開
```

ダイアフラム式とベローズ式：

ダイアフラム式とベローズ式は、その内部に感温液を入れることで、圧力変化で水の飽和温度が変化しても、感温液の性質により、その変化に自動的に追従して開弁させる。

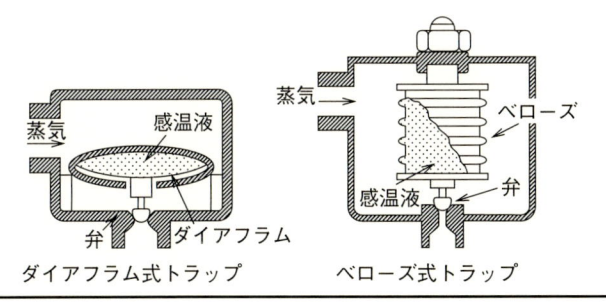

```
         感温液              蒸気→      ベローズ
蒸気→                                   感温液
     弁   ダイアフラム                弁

  ダイアフラム式トラップ         ベローズ式トラップ
```

図 11-7 温度の差により識別するスチームトラップ

可動部は弁体を兼ねた円板上のディスクのみである。蒸気が流入すると、ディスクと弁座の隙間の流速が上がり、圧力が下がることにより、ディスクが弁座に落ちる。下記に示すように、本形式のトラップは、放熱により、簡潔的に蒸気漏れを起こし、背圧が高いと吹き放しになる可能性がある。また、この形式は蒸気と空気の区別ができず、空気だけ排出するためのバイメタル（図は省略）を設ける必要がある。

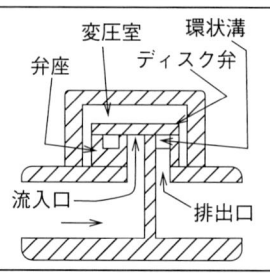

（左図）変圧室、環状溝、弁座、ディスク弁、流入口、排出口

① ドレンが流入すると、ドレンが円盤状ディスク（弁体の機能を果たす）に衝突し、ディスクを撒水器のように押し上げ、ドレンは排出される。

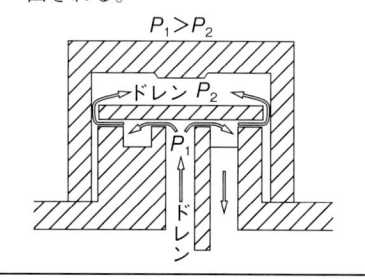

$P_1 > P_2$、ドレン P_2、P_1、ドレン

② 蒸気、または飽和水（フラッシュして蒸気になる）が流入すると、ディスクと弁座間を通る蒸気流速が上がり（一時、蒸気が漏れる）、ベルヌーイの定理でディスク下面圧力が下がり、ディスク上面から下向きの力が、ディスク下面から上向きの力を上回り、ディスク弁は下に落ち、流入口を閉鎖する

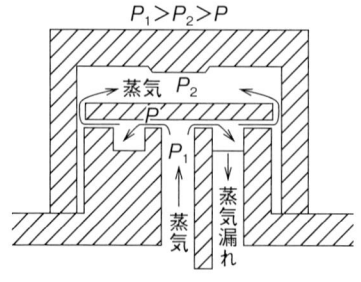

$P_1 > P_2 > P$
蒸気 P_2、P、P_1、蒸気、蒸気漏れ

② 一時蒸気漏れ後（上図）、弁体が下がり、蒸気遮断（右図）

③ 変圧室の蒸気は放熱により凝縮し、変圧室圧力 P_2 が背圧 P_3 より小さくなり、ディスクを押し上げ蒸気が漏れる。この後①または②へ戻り、繰り返す。

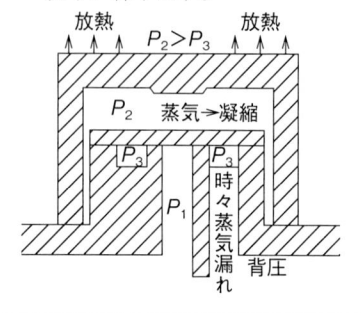

放熱　$P_2 > P_3$　放熱
P_2 蒸気→凝縮
P_3、P_1、P_3 時々蒸気漏れ、背圧

図 11-8　ディスク式トラップ

第12章

配管の溶接設計

　溶接による管の接合は最も信頼できる接合法です。しかし溶接部は溶接施工時に鉄が溶けて固まるという厳しい温度履歴を持ち、また長期間の厳しい使用環境下で、安全な運転が確保されねばなりません。

　そのためには、溶接部の設計が適正になされることがきわめて重要です。

　本章では、溶接接合方法の基本と疲労破壊や変形を防止するための溶接設計のポイントを学びます。

12-1 ● 配管で使う溶接方法

　溶接は融接、圧接、ろう接に大別されますが、配管にあっては、一部の電縫管の長手継手に圧接（鍛接ともいう。接合部に力を加えて行う溶接）が使われるほかは、融接が使われます。融接は、溶接する母材を加熱し、母材のみ、あるいは母材と溶加材（溶接棒など）を溶かして溶融金属をつくり、凝固させて接合します。

　フランジやねじ接合と違い、溶接されたものは切断しない限り、取り外しができません。その代り、漏えいに対しては、接合方式の中で最も信頼性があります。

　管の溶接は、管の端部同士を突合わせて溶接する突合せ溶接と、管の一端を他端のソケット内に差し込んだ後、ソケット端部と管外周部をすみ肉溶接するソケット溶接（差込み溶接ともいう）とがあります。

　いずれの場合も、現在最もよく使われているのはアーク溶接法です。

　アーク溶接は、突合せ溶接の場合、2つの部材端部の接合部に溝を形成させ、その溝を溶融金属で埋める場合、外部よりメタルを供給します。このメタルを溶加材（棒）と言います。

　配管製造、据付けに使われるアーク溶接法は、次の機能を持つ設備から構成されます。

(a)　開先部を埋めて、融合するメタルを供給します
(b)　メタルを溶かすアークを発生させます
(c)　溶けた金属を外気からシールドします

　アーク溶接のあらましを、TIG溶接に代表させて**図 12-1**に模式的に示します。

ⓐ　開先の溝を埋める溶融金属を供給する溶加棒
ⓑ　金属を溶かすため温度 5,000 ℃ 〜 6,000 ℃ に上げるアークを発生する電極。アークは溶加棒を溶かすと同時に、開先部の金属も溶かし、両者のメタルは混じりあう

図 12-1　アーク溶接（TIG 溶接）

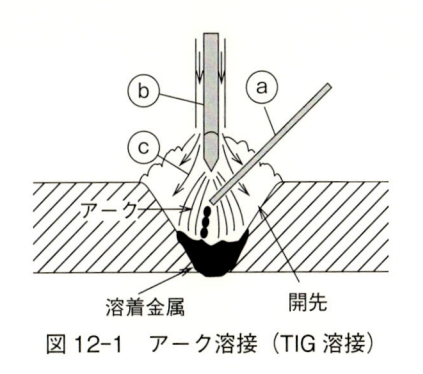

ⓒ　溶けた金属に空気中の酸素や窒素が侵入しないように溶融金属を大気から遮断するため、アルゴンガスでシールドします

　配管でよく使われる溶接法は、ティグ溶接のほかに、被覆アーク溶接、ミグ溶接、マグ溶接、サブマージアーク溶接などがあります。これらの溶接は、アーク、供給メタル、シールドガスの 3 要素が不可欠ですが、それらを供給する方法は、溶接方法により異なります。

> **豆知識**
>
> **昔、管の接続はねじとフランジであった**
>
> 　わが国では 1930 年代初めまで、弁・管継手類は鋳鉄製や可鍛鋳鉄、あるいは砲金製で、接続はすべて「ねじこみ式」でした。100 A 以上は管にねじを切ってフランジをつけたフランジ接続、80 A 以下は直接ねじこみで接続されました。曲り箇所は原則的に焼き曲げ管が使われました。1932 年ごろからアセチレンガスが使われるようになり、ガス溶接が行われるようになりました。1940 年頃から電気溶接が現れましたが、配管にはあまり使われず、まだガス溶接が主流でしたが、1942 〜 3 年頃、管の突合せ溶接に電気溶接が使われるようになり、1955 年ごろ、溶接管継手が出回るようになり、以後、管の接続は溶接が主流となりました。
>
> （「プラント配管の歩み」竹下逸夫著、1983 年刊（非売品）より抜粋）

第 12 章　配管の溶接設計

12-2 ● 配管の溶接に際しての注意

設計が溶接に対し注意、考慮を払うべき事柄に次のようなものがあります。

(イ) その溶接は法に定める溶接施工法(下の用語解説参照)の取得が必要か否かの確認(ボイラおよび圧力容器安全規則、電気事業法、ガス事業法、高圧ガス保安法、労働安全衛生法、などの法規があります)
(ロ) 溶接部特有の強度低下
(ハ) 溶接部特有の疲労強度低下
(ニ) 溶接部特有の欠陥
(ホ) 溶接部の変形
(ヘ) 溶着金属部分の適切なサイズ

> **用語解説**
>
> **溶接施工法**
>
> 高い安全性が要求される重要な施設の溶接は、安全性の高い溶接技術が求められます。その溶接の施工者は、溶接施工法および溶接士技能が、その施設を管轄する法規に定められた基準に準拠していることを、試験により証明する必要があります。
>
> 第三者的立場から、溶接施工法および溶接士技能の認証試験を実施する機関として、(社)日本溶接協会などがあります。

12-3 ● 突合せ溶接とすみ肉溶接

(1) 溶接部に要求される性質
(イ) 母材と同等以上の強度が確保されていること
(ロ) 表面にも内部にも欠陥のないこと
(ハ) 疲労に強いこと
(ニ) コストが低いこと

(2) 突合せ溶接とすみ肉溶接の特徴
① 突合せ溶接の特徴
突合せ溶接の代表的な開先を図 12-2 の (a) に示す。
(イ) 配管の場合、完全溶込み溶接が多い(本節(3)参照)
(ロ) 一般に溶着金属の形状の連続性が保たれている
(ハ) 上記(イ)と(ロ)により、一般に疲労に対し強い
(ニ) 溶接による変形は比較的小さい
(ホ) 上記(イ)、(ロ)および(ハ)により一般に信頼性が高い

② すみ肉溶接の特徴
すみ肉溶接の代表的な接合法を図 12-2 の (b) に示す。
(イ) 配管の場合、小径管用ソケット溶接に使われる
(ロ) 一般に溶着金属の形状の不連続性が大きい
(ハ) 上記(ロ)により一般に疲労に対し弱い
(ニ) 溶接変形が比較的大きい
(ホ) 上記(ロ)、および(ハ)により一般に信頼性が低い

(a) 突合せ溶接タイプ			(b) すみ肉溶接タイプ		
I形（プレーンエンド）		SUS管等の薄い管	すみ肉	ソケット（小径管用）	1.6mm
				前面重ねすみ肉	
JIS B 2312 配管用鋼製突合せ溶接式管継手	1段開先			側面重ねすみ肉	
	2段開先（比較的厚肉用）		T字形すみ肉溶接脚長は板厚に対し大き過ぎないこと		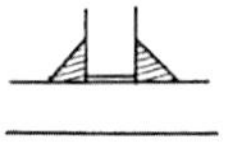
	U形（厚肉用）				
			十字形すみ肉		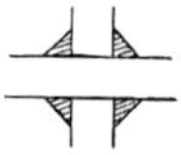
X形（管内部から溶接できる管）	両面V		かどすみ肉		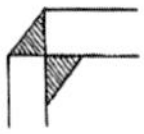
	両面U		T字形(完全溶込み)		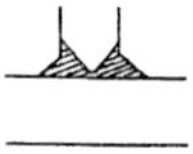

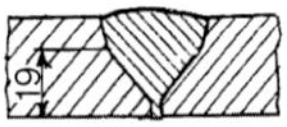

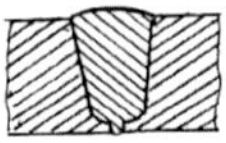

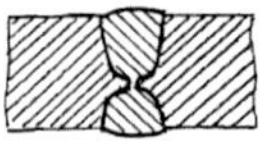

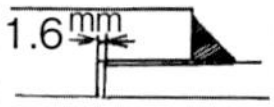

図12-2　突合せ溶接とすみ肉溶接

（3） 完全溶込み溶接と部分溶込み溶接

二物を接合・溶接するとき、両者金属の溶け込みの範囲において2つに分類されます。

① 完全溶込み溶接

両者を接続する断面の全範囲において両者のメタルが一体に溶け込んだ溶接（**図12-3**の（a）参照）。

② 部分溶込み溶接

両者を接続する断面のある範囲において両者のメタルが溶込んでいない部分がある溶接（図12-3の（b）参照）。メタルが溶込んでいない端部が不連続部となるので、疲労の観点からは好ましくありません。

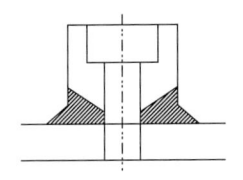

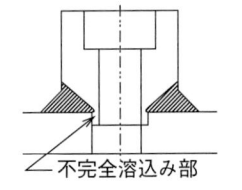

(a) 完全溶込み溶接の例　　(b) 部分溶込み溶接の例

図12-3　完全溶込み溶接と部分溶込み溶接

（4）突合せ溶接開先ルート部の処置

一般に管の長手継手のすべて、および呼び径50Aまたは65A以上の周継手は完全溶込みの突合せ溶接が使われます。開先部の最も間隔の狭くなるルート部から溶着金属が溶け落ちたり、ルート部が完全に溶け込まないのを防止するため、図12-4に示すルート部の処置方法のいずれかをとります。

豆知識

ソケット溶接のギャップ

ソケット溶接において、図のように端部に間隙を設けない場合、次のような問題が起こります。

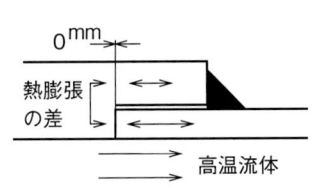

- 管の端がソケット座の底にくっついていると、管が拘束状態にあるため、溶接時のソケット座と管の間の温度差や溶着金属の収縮などにより、すみ肉溶接部のルートに微小クラックが生じることがあります。
- ドレンを切るとき、管は直接高温流体に接触するので、ソケットつば部より高温になり、伸び差ができますが、管端部に間隙がないので管がつっぱり、すみ肉溶接部にせん断応力がかかり、繰返すドレン切りによって低サイクル疲労を起こします。

裏当て金：溶着金属が垂れるのを防止する。溶接後、取外せるものは取外すが、一般にはつけたまま。今ではあまり使われない。	
裏波溶接：初層をTIG溶接（溶加棒使用）で施工し、開先ルート部の裏側にビード（裏波という）を形成させる。	
インサートリング：ルート部にリング状のフィラーメタル（溶加棒の役目）を挟み込んでティグ溶接し、裏波を出す。	
裏はつり：両側溶接で、片側を溶接後、裏面から初層の欠陥が出やすい部分をはつり取ってから、裏側を溶接。	裏はつり 裏はつり後溶接

図 12-4　開先ルート部の処置法

（5） 代表的な管台の開先

主管に枝出しをするため、主管に管台を溶接するときの開先を図 12-5 に示します。

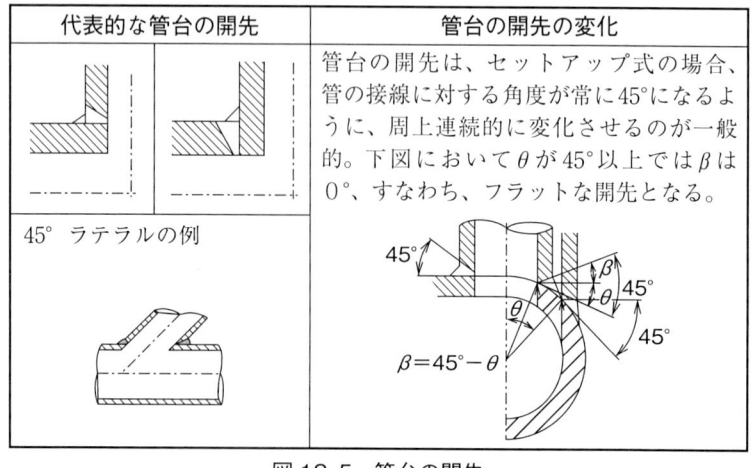

代表的な管台の開先	管台の開先の変化
	管台の開先は、セットアップ式の場合、管の接線に対する角度が常に45°になるように、周上連続的に変化させるのが一般的。下図においてθが45°以上ではβは0°、すなわち、フラットな開先となる。
45° ラテラルの例	$\beta = 45° - \theta$

図 12-5　管台の開先

12-4 ● 溶接部の強度と疲労

（1） 溶接部の強度

　溶接部の強度設計に際し、計算応力を算出するとき使う、応力のかかる断面積は、**図 12-6** に示す「のど厚さ」を使います。

　強度計算は当該溶接部を含む部材にかかる外力から溶接部に作用する内力を計算し、のど部断面における垂直応力とせん断応力に分解して各応力を算出し、せん断ひずみエネルギー説などにより組合せ応力を計算し、許容応力と比較、評価します。

（2） 溶接形状と疲労

　振動のような高サイクルな応力変動があると、部材は疲労により降伏応力以下でも破壊に至ります。応力のかかるところで、形状の不連続部があると、その部分に応力集中が起こり、局部的な応力が高くなります。静的な応力の場合は、局部的に応力の高くなったところで、降伏することにより、応力の平準化が行われますが（7-1（1）(p.147) 参照）、高サイクル疲労の場合は降伏応力以下で破壊が起こるので、応力の平準化が起こる以前に、応力集中の起こる形状不連続部で疲労破壊が起きやすい。

　定性的に、溶接部で、疲労の起きやすいところとして、

（イ）　形状が断続するところ
（ロ）　形状の不連続（溶接の始端、終端など）なところ
（ハ）　曲率が 0 か、小さいところ

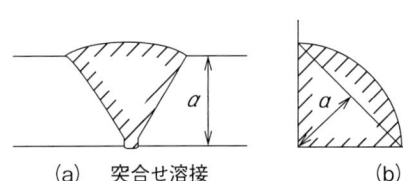

　　　(a)　突合せ溶接　　　　　(b)　すみ肉溶接
図 12-6　溶接部ののど厚

などがあります。

したがって、溶接部の形状はできるだけ不連続部をなくし、できるだけ平滑に、なめらかに、曲率は大きくとるようにします。

以下に、代表的な溶接部の疲労破壊の起点となりやすい箇所と、疲労を起こしにくくする方法を述べます。

① **形状の不連続**

図 12-7 に示すような形状不連続な溶接止端部を起点として疲労を起こす可能性があります。形状不連続部をなくすようにしましょう。

② **アンダカットやオーバラップ**

アンダカットは、溶接止端部において、母材が溝のように彫られ、窪んでいる状態を言います。オーバラップは、溶接止端部が母材と融合せず、浮き上がって重なった状態を言います。いずれも欠陥で、形状が不連続となるため応力集中が起こり、疲労破壊しやすくなります。対策としては補修を行い、滑らかな形状にします（**図 12-8**）。

③ **溶込み不良**

溶込み深さが十分でなく、完全に融合してない部分が残っている所は、応力集中を起こし、疲労破壊の起点となります（**図 12-9**）。

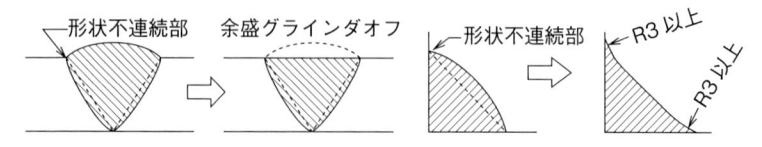

図 12-7　形状の不連続部と疲労に対する処置

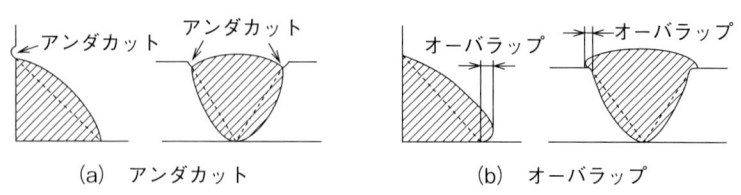

図 12-8　アンダカットとオーバラップ

(a) 突合せ溶接　　　　　(b) すみ肉溶接

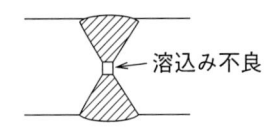

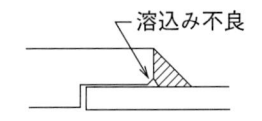

ソケット入口端部の面取りはルート部の溶込み不良の要因となるので、要注意

図 12-9　溶込み不良

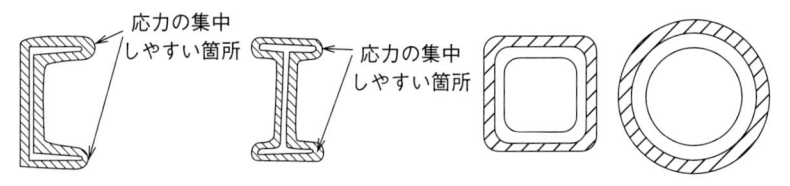

(a) 溶接部の一部が疲労を受けやすい形鋼　　(b) 溶接部が疲労を受けにくい構造用鋼管や角鋼管の使用

図 12-10　鋼材溶接部の疲労

④　配管サポートの取付け溶接部の疲労

　等辺山形鋼、溝形鋼やⅠ形鋼はその断面の端部が突き出た形状をしており、その周囲を回し溶接しても、その先端部は曲率が小さく、応力が集中しやすい（**図 12-10**）。振動のあるところでは、尖った先端部のない、構造用鋼管や角鋼管の使用が好ましい。

12-5 ● 溶接部の変形と残留応力

（1） 溶接による変形の一般的性質

　溶接部周辺の溶けなかった金属は、溶接時に高温となり、膨張しても、冷えれば元の体積に戻ります。しかし溶着金属は冷えて凝固するときに収縮する"一方通行"です。

　溶着金属の収縮量は溶着金属の幅（開先断面の最大幅）、あるいは長さ（溶接線の長さ）、すなわち、溶着金属の量に比例します（**図 12-11**）。

　変形や残留応力の観点からすると、溶着金属の体積、または、幅は小さい方が好ましい。したがって、溶接部のサイズは、強度上必要最小なサイズにとどめるべきです。

　溶着金属の周辺が拘束されている状態にあるときは変形量は抑制され、残留応力が発生します。

（2） 溶接変形と残留応力の関係

　溶着金属の周辺が拘束されていると、変形が抑制される代償に応力が生じます。これを残留応力と言います。溶接部が縮むのを周辺が拘束して発生する場合が多いので、溶接部の残留応力は引張りとなることが多

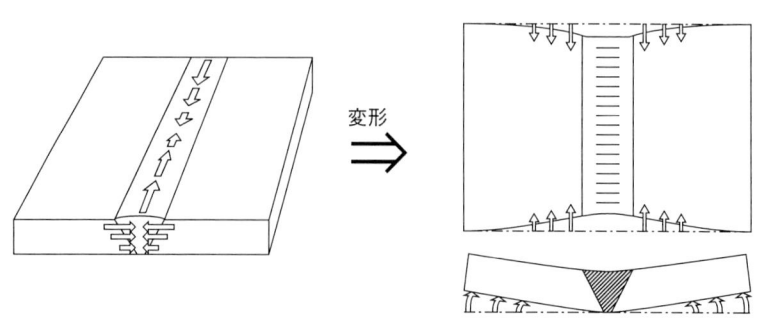

　　　（a）　溶接部の収縮する方向　　　　　　（b）　溶接した板の変形
図 12-11　溶接による変形の一般的性質

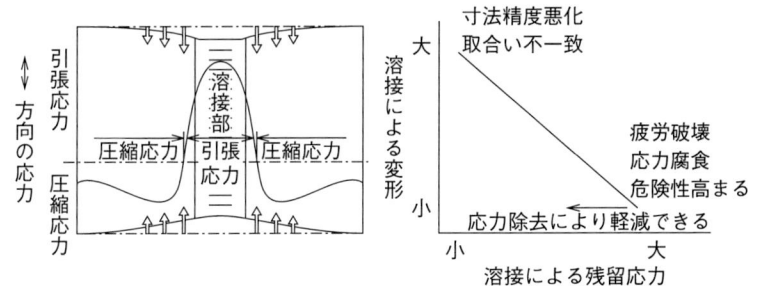

(a) 溶接線のある板の残留応力　　(b) 溶接変形と残留応力の関係

図 12-12　溶接変形と残留応力

い（図 12-12 参照）。

　溶接部は引張応力、溶接部周辺は溶接部の引張応力の反力として、圧縮応力となります（図 12-12 参照）。

　残留応力は高サイクル疲労に対しては悪影響を及ぼすので、必要に応じ溶接後熱処理（応力除去焼なまし、通称、焼鈍（しょうどん）という）を行います。

（3）　溶接による変形例と変形抑制策

溶接による配管の変形例とその防止策について、幾つかの例を図 12-13 および図 12-14 に示します。

豆知識

ヘッダとヘッド

　「ヘッダ」は分岐接続のある管をいう。「管寄せ」はヘッダであるが、ヘッダには、枝管に対する「母管」の意味もあります。

　「ヘッド」は圧力を液柱の高さに換算した水頭（p.66）を指す米国から来た用語で、最近比較的よく使われます。なお、鏡板も英語ではヘッドと言います。

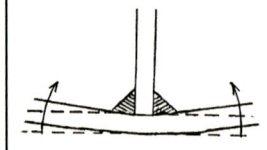

すみ肉溶接による変形	管の周溶接による変形
	管の剛性が大きいので変形は小さい。

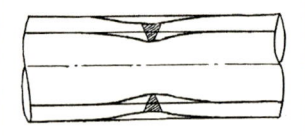

管の長手溶接による変形
管断面積に対する溶着金属が小さいので、変形は小さい。

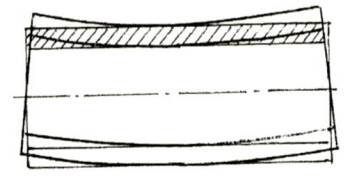

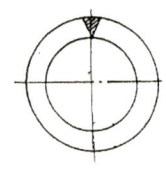

ヘッダ（管寄せ）の変形
枝管が片側に集中すると、枝管を取付ける溶着金属の収縮による重畳的な影響で母管が枝管のある側へ湾曲する。

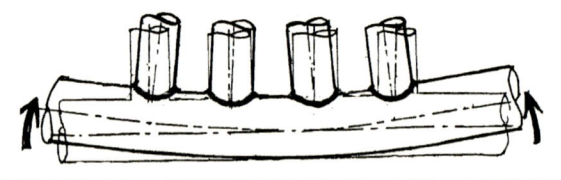

板フランジ、ハブフランジの変形
管外側とフランジの溶接部溶着金属の収縮により、フランジ当り面が出張るように変形する。

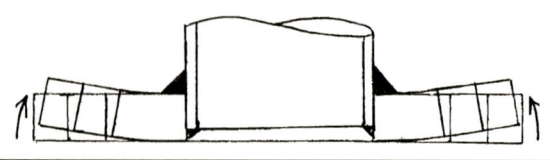

図12-13　溶接により変形する例

ヘッダの変形防止	
可能なら枝管を千鳥に配列する。	だめなら剛性のある形鋼を抱合せて溶接する。

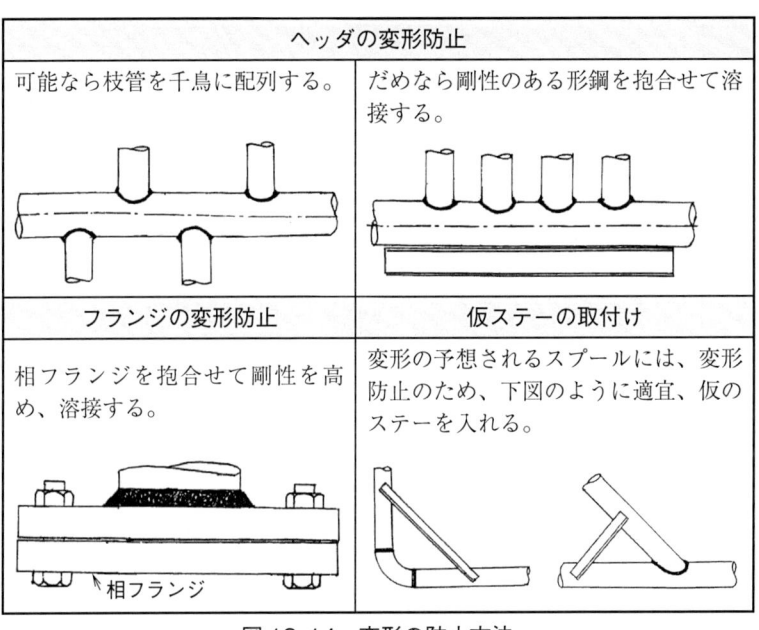

フランジの変形防止	仮ステーの取付け
相フランジを抱合せて剛性を高め、溶接する。	変形の予想されるスプールには、変形防止のため、下図のように適宜、仮のステーを入れる。

図 12-14　変形の防止方法

豆知識

溶接部と高サイクル疲労

　溶接部付近に部分的に存在する残留応力や溶接部の形状不連続部に生じるピーク応力は、7-1（1）(p.146)で述べたように、外力が増えると降伏して、応力の平準化が行われるので、降伏してから破壊に至る破壊モードの場合は、破壊に対する影響は少ないと言えますが、降伏応力以下で破壊に至る高サイクル疲労ではピーク応力の平準化が行われないので、残留応力やピーク応力の影響を強く受けることになります。したがって、これらの除去、低減が必要となります。

〔より深く配管技術を学ぶための参考図書〕

第1章　（1）「はじめての配管技術」岡田旻著、森北出版
　　　　（2）「配管技術 2010 年 9 月増刊号」日本工業出版
第2章　（3）「圧力容器の構造と設計」小林英男編集、日本規格協会
第3章　（4）「配管技術 2012 年第 3 号」日本工業出版
第4章　（5）「水理学の基礎」有田正光著、東京電機大学出版局
　　　　（6）「基礎から学ぶ流体力学」飯田明由他著、オーム社
第5章　（7）「配管技術 2008 年 2 月増刊号」日本工業出版
第6章　（8）「配管技術 2009 年 9 月増刊号」日本工業出版
第7章　（9）「JIS 鉄鋼材料入門 新訂版」大和久重雄著、大河出版
第8章　（10）「絵とき材料力学基礎のきそ」井山裕文著、日刊工業新聞社
第9章　（11）「JIS B 2352　ベローズ形伸縮管継手」日本規格協会
第10章　（12）「バルブの基礎」笹原敬史、パワー社
　　　　（13）「安全弁の技術」笹原敬史、理工社
第11章　（14）「バルブ技報　No.50（2003 年）」日本バルブ工業会
第12章　（15）「トコトンやさしい溶接の本」安田克彦著、日刊工業新聞社
以上の他に、4-4（1）の末尾に圧力損失に関する参考書を挙げてあります。

索 引

◆英数
- 4大力学 ……………………………… 14
- ASME ………………………………… 3
- ASTM ………………………………… 3
- FAC …………………………………… 138
- P&ID …………………………………… 12
- TIG溶接 ……………………………… 238
- T形ストレーナ ……………………… 227
- UOE製法 ……………………………… 156
- Y形ストレーナ ……………………… 227

◆あ
- アーク溶接鋼管 ……………………… 155
- アーク溶接法 ………………………… 238
- アイソメ図 …………………………… 13
- 圧縮性流体 …………………………… 87
- 圧力-温度基準 ……………………… 217
- 圧力勾配線図 ………………………… 69
- 圧力水頭 ……………………………… 66
- 圧力波 ………………………………… 110
- 圧力バランス形 ……………………… 196
- 圧力脈動 ……………………………… 106
- 穴の補強 ……………………………… 36
- アノード ……………………………… 128
- 粗さ定数 ……………………………… 81
- 粗密波 ………………………………… 95
- 安全弁 ………………………………… 214
- アンダカット ………………………… 246
- 安定化熱処理 ………………………… 152
- 一次応力 ……………………………… 50
- 位置水頭 ……………………………… 66
- インサートリング …………………… 244
- ウォータハンマ ……………………… 117
- 渦励起振動 …………………………… 107
- 裏当て金 ……………………………… 244
- 裏波溶接 ……………………………… 244
- 裏はつり ……………………………… 244
- 液柱計 ………………………………… 68
- 液滴衝撃エロージョン ……………… 142
- エネルギー勾配線 …………………… 68
- オイルスナッバ ……………………… 192
- 応力緩和 ……………………………… 148
- 応力の集中 …………………………… 247
- 応力範囲 ……………………………… 56
- 応力範囲係数 ………………………… 60
- 応力-ひずみ曲線 …………………… 50
- 応力腐食割れ ………………………… 143
- オーバラップ ………………………… 246
- 音響固有振動波 ……………………… 113
- 音響振動 ……………………………… 95
- 音速 …………………………… 95, 117

◆か
- 開口端 ………………………………… 116
- 開口比 ………………………………… 229
- 開水面 ………………………………… 77
- 外力 …………………………………… 23
- 加工硬化 ……………………………… 147
- 荷重変動率 …………………………… 186
- 仮想演習 ……………………………… 11
- 仮想切断面 …………………………… 22
- カソード ……………………………… 128
- ガルバニック腐食 …………………… 132
- カルマン渦 …………………………… 108
- 簡易耐震性能評価法 ………………… 125
- 慣性力 ………………………………… 72
- 完全溶込み溶接 ……………………… 242
- 管台 …………………………………… 41
- 管摩擦抵抗係数 ……………………… 70
- 貴の金属 ……………………………… 129
- 逆止弁 ………………………………… 213
- キャビテーション・エロージョン
  …………………………………………… 142
- 凝縮によるハンマ …………………… 121
- 共振 …………………………………… 98
- 強制振動 ………………………… 98, 106
- 許容応力範囲 ………………………… 60
- 許容スパン長 ………………………… 125
- キルド鋼 ……………………………… 151
- 食い込み式 …………………………… 168
- 空間設計 ……………………………… 14
- クリープ ……………………………… 148
- クロム欠乏症 ………………………… 144
- 形状不連続部 ………………………… 246
- 係数 y ………………………………… 33
- ケージ弁 ……………………………… 220
- 減衰 …………………………………… 108
- 減衰のある振動の方程式 …………… 102

鋼管の呼称	158
高サイクル疲労	54
孔食	143
降伏点	146
コールドスプリング	56
コニカルストレーナ	226
固有振動数	98
固有振動モード	103
コンスタントハンガの特徴	186
コンポーネント	10

◆さ◆

差圧計	230
最小固定距離	125
サポートスパン	183
残留応力	248
シールドガス	239
仕切弁	213
自己限定的	51
地震加速度	123
自然電位	131
下向きバケット式トラップ	231
実際の流体	66
自由振動	97
周方向応力	25
衝撃試験	149
自励振動	98
進行波	110
ジンバル形	196
水撃力	117
推力	199
水力勾配線	67
水力直径	77
水路	78
隙間腐食	143
スクリーン	228
スケジュール番号	158
スタンダードクラス	219
ストレートシーム管	155
スパイラルシーム管	155
スプール	13
スペシャルクラス	219
すみ肉溶接	241
スライド式伸縮管継手	195
静的解析法	123
設計震度	123
接着式	168
セットインタイプ	42
セットオンタイプ	42

セルフスプリング	56
全水頭	66
せん断力図	177
相対粗さ	75
相対変位	52
相当直管長さ	83
層流	74
速度勾配	71
速度水頭	66
ソケット溶接	238
塑性ひずみ	56
損失水頭	67

◆た◆

ダイアフラム駆動弁	222
ダイアフラム式トラップ	231
耐力	147
縦振動	95
玉形弁	213
ダルシー・ワイスバッハの式	70
単座弁	220
単式ベローズ形	196
単純支持	174
弾性等価応力	53
鍛接管	157
断面二次モーメント	100
調節弁	220
通過面積比	228
突合せ溶接	238
継目無鋼管	154
低サイクル疲労	54
定在波	113
ディスク式トラップ	231
電位差	133
電気化学的腐食	128
電気絶縁	137
電気防食	135
電動駆動弁	222
電縫鋼管	154
動水勾配	78
動粘性係数	72
溶込み不良	246
ドレンポット	122

◆な◆

内力	23
長手方向応力	25
流れ加速型腐食	138
逃がし弁	214

二次応力	51
二相流	106
濡れ縁長さ	77
熱応力解析	59
粘性係数	71
粘性力	72
のど厚さ	245

◆は◆

ハーゼン・ウィリアムスの式	81
ハーランドの式	75
配管クラス	13
配管仕様書	12
配管ルート	16
配管レイアウト	13
パイプラック配管	15
バイメタル式	231
バケット形ストレーナ	227
バタフライ弁	212
ばね式防振器	189
バリアブルハンガの特徴	185
半径方向応力	25
反射波	110
反力	23
被振動体	94
ピストン駆動弁	222
卑の金属	129
表面粗さ	75
ファニングの式	76
フープ応力	25
付加厚さ	33
不規則振動	104
複座弁	220
複式ストレーナ	227
部分溶込み溶接	242
プリセット	204
プリロード	189
フレア式	168
ブレード	205
フレキシブルチューブ	205
プレファブ	13
フロート式トラップ	231
プロセス配管	12
プロットプラン	12
平均直径	29
閉止端	116
ベルヌーイの定理	66
ベローズ式トラップ	231
変位応答曲線	104

変位応力	51
ベンディングロール	156
防食被覆鋼管	157
ボール弁	212
補強板	41
補強取り付け強度	45
補強有効範囲	34
ポップ動作	214
ポンプ起動によるウォータハンマ	118
ポンプ停止によるウォータハンマ	118

◆ま◆

マイタベンド	36
曲げモーメント線図	177
摩擦抵抗係数	74
マニングの式	81
ムーディ線図	75
面積補償法	26

◆や◆

焼入れ	152
焼なまし	152
焼ならし	152
焼戻し	152
ユーティリティ配管	12
ユニオン	167
ユニバーサルジョイント形	196
溶加材	238
溶接強度減少係数	33
溶接施工法	240
溶接変形	248
溶体化熱処理	152
横振動	95

◆ら◆

ラインリスト	13
乱流	74
リジッドハンガの特徴	185
理想流体	66
リバースコニカルストレーナ	226
リムド鋼	151
流体関連振動	109
流体平均深さ	81
両端固定	174
レストレイント	183
連続の式	67

索引

◎著者略歴◎

西野　悠司（にしの　ゆうじ）

1963年　早稲田大学第1理工学部機械工学科卒業
1963年より2002年まで、株式会社東芝（現在の東芝エネルギーシステムズ株式会社）京浜事業所、続いて、東芝プラントシステム株式会社において、発電プラントの配管設計に従事。その後3年間、化学プラントの配管設計にも従事。
一般社団法人 配管技術研究協会主催の研修セミナー講師。
同協会誌元編集委員長ならびに雑誌「配管技術」に執筆多数。
現在、一般社団法人 配管技術研究協会監事。
　　　　　西野配管装置技術研究所代表。

●主な著書
「今日からモノ知りシリーズ トコトンやさしい配管の本」（日刊工業新聞社、2013）
「絵とき 配管技術用語事典」（共著、日刊工業新聞社、2014）
「トラブルから学ぶ配管技術」（日刊工業新聞社、2015）
「配管技術100のポイント」（日刊工業新聞社、2016）
「「配管設計」実用ノート」（日刊工業新聞社、2017）
「わかる！使える！配管設計入門」（日刊工業新聞社、2018）

絵とき　「配管技術」基礎のきそ　　NDC528

2012 年 11 月 25 日　初版 1 刷発行
2025 年 4 月 18 日　初版 16 刷発行

（定価はカバーに表示してあります）

　Ⓒ　著　　者　　西野　悠司
　　　発行者　　井水　治博
　　　発行所　　日刊工業新聞社
　　　　　　　　〒103-8548　東京都中央区日本橋小網町14-1
　　　電　話　　書籍編集部　03（5644）7490
　　　　　　　　販売・管理部　03（5644）7403
　　　FAX　　　03（5644）7400
　　　振替口座　00190-2-186076
　　　URL　　　https://pub.nikkan.co.jp/
　　　e-mail　　info_shuppan@nikkan.tech
　　　企画・編集　エム編集事務所
　　　印刷・製本　新日本印刷（株）（POD9）

落丁・乱丁本はお取り替えいたします。
2012 Printed in Japan
ISBN 978-4-526-06973-4　C3043
本書の無断複写は、著作権法上の例外を除き、禁じられています。